Allgemeine Volkswirtschaftspolitik

von

Dr. Hans Ohm

o. Professor an der Universität Würzburg

Band II

Der volkswirtschaftliche Gesamtorganismus
als Objekt der Wirtschaftspolitik

2., verb. und ergänzte Auflage

Sammlung Göschen Band 1196/1196a

Walter de Gruyter & Co. · Berlin 1969

vormals G. J. Göschen'sche Verlagshandlung · J. Guttentag,
Verlagsbuchhandlung · Georg Reimer · Karl J. Trübner · Veit & Comp.

Die Gesamtdarstellung umfaßt folgende Bände:

Band I: Systematisch-theoretische Grundlagen

Band II: Der volkswirtschaftliche Gesamtorganismus als Objekt der Wirtschaftspolitik

 — Archiv-Nr. 75 30 697. — Satz und Druck: Paul Funk, Berlin 30. — Printed in Germany.

Inhalt

1. Ziele und Aufgabenbereiche der Allgemeinen Volkswirtschafspolitik

1.1 Methodologische Vorbemerkungen

Im Band I unserer „Allgemeinen Volkswirtschaftspolitik" hatten wir das Verhältnis von *Allgemeiner* und *Spezieller* Volkswirtschaftspolitik dahingehend charakterisiert, daß die beiden Disziplinen zueinander in einem *zweifachen* Ergänzungsverhältnis stehen: auf der einen Seite ist die Lehre von der Allgemeinen Volkswirtschaftspolitik das erkenntnismäßige Fundament für die auf ihr aufbauenden übrigen Teildisziplinen der Lehre von der Wirtschaftspolitik im Sinne von *Grundlagenwissenschaft* und angewandter *Wissenschaft*, wie es uns aus vielen anderen Wissensgebieten geläufig ist; auf der anderenen Seite werden in der Lehre von der Allgemeinen Volkswirtschaftspolitik diejenigen Teile der Gesamtdisziplin zusammengefaßt, deren Gegenstand nicht ein bestimmter *Ausschnitt* aus dem wirtschaftlichen und wirtschaftspolitischen Geschehen einer Volkswirtschaft, sondern die *Gesamtheit* dieses Geschehens ist. Die wirtschaftspolitische Beeinflussung des volkswirtschaftlichen Gesamtorganismus (Makropolitik) ist damit Darstellungsgegenstand des letzterwähnten Teilgebietes der Lehre von der Allgemeinen Volkswirtschaftspolitik, mit dem wir uns — wie auch im Titel des Bandes bereits zum Ausdruck gebracht wird — nunmehr befassen wollen, nachdem wir im ersten Band ausschließlich auf die Aufgabenstellung der Lehre von der Wirtschaftspolitik als *Grundlagenwissenschaft* für alle übrigen wirtschaftspolitischen Teildisziplinen abgestellt hatten. Wir gliedern damit die Lehre von der Allgemeinen Volkswirtschaftspolitik in einen *systematisch-theoretischen (formalen)* Teil und einen *materiellen* Teil auf, wobei diese Gliederung für die Stoffauswahl im Verhältnis der beiden Bände zueinander strikt eingehalten wurde.

Der hier zu behandelnde *materielle* Teil der Lehre von der Allgemeinen Volkswirtschaftspolitik ist u. a. charakterisiert durch die *ganzheitliche, umfassende* Betrachtungsweise und unterscheidet sich eben dadurch von der Speziellen Volkswirtschaftspolitik, die nach der oben vorgetragenen Gliederung ebenfalls dem *materiellen* Teil der Gesamtdisziplin zuzuordnen ist. Diesen wichtigen Unterschied in der Betrachtungsweise können wir mit Hilfe einer Analogie veranschaulichen, nämlich mit dem Begriff des *Horizontes*.

In bezug auf die Wirtschaftspolitik wäre dieser Begriff in „Planungshorizont" abzuwandeln. Der Planungshorizont des Wirtschaftspolitikers, der gleichzeitig *Einsatz-*, *Einwirkungs-* und *Beobachtungsbereich* beim Entwurf und der Durchführung wirtschaftspolitischer Programme ist, kann von unterschiedlicher Ausdehnung sein. Er erreicht, ebenso wie der natürliche Horizont, dann seine größte Ausdehnung (bei gegebener Beobachtungstiefe), wenn der Schnitt durch den Kosmos, als welchen wir in diesem Zusammenhang die Gesamtheit des volkswirtschaftlichen Geschehens in einer Volkswirtschaft zu verstehen haben, eine *Kreisfläche* ergibt. Nur in diesem Falle sprechen wir von Allgemeiner Volkswirtschaftspolitik bzw. mit Bezug auf die hier zur Behandlung anstehende Teildisziplin der Lehre von der Wirtschaftspolitik von „Allgemeiner Volkswirtschaftspolitik". Stellt sich dagegen der Planungshorizont als ein Ausschnitt aus der Kreisfläche dar (Sektor, Segment usw.), so liegt entsprechend Spezielle Volkswirtschaftspolitik vor (sektorale Politik, Mikropolitik, usw.).

Die Konsequenzen, die sich daraus für die Allgemeine Volkswirtschaftspolitik als Summe aller einschlägigen Maßnahmen wirtschaftspolitischer Art (oder wenigstens wirtschaftspolitischer Relevanz) ergeben, sind die folgenden:

a) *Einsatzbereich* der Maßnahmen ist das gesamte wirtschaftliche Geschehen einer Volkswirtschaft, also auch jeder beliebige Punkt, Ausschnitt oder Teil der Volkswirtschaft.

b) die *potentielle Wirkungszone* der Maßnahmen, d. h. der Bezirk, in dem die Maßnahmen ihre Wirkungen (Nah-, Fern- und Nebenwirkungen) gewollt oder ungewollt zeitigen, ist das gesamte wirtschaftliche Geschehen; notwendigerweise müssen Einsatz- und Wirkungsbereich innerhalb des Planungshorizontes liegen, können faktisch jedoch von differierender Ausdehnung sein und müssen in diesem Fall deshalb auch nicht übereinstimmen.

c) der *Zielbereich* der Maßnahmen, d. h. die Zone, in der gemäß Intention der praktischen Wirtschaftspolitik die Maßnahmen ihre Wirkungen erzielen *sollen,* ist unbeschränkt, wenngleich auch nicht willkürlich; diese Einschränkung ergibt sich notwendigerweise aus dem Wirkungsmechanismus der Maßnahmen (Richtung, Sequenz, Stärke usw.).

d) die *Zielobjekte,* d. h. die mittels der Maßnahmen zu beeinflussenden Sachverhalte, sind *gesamtwirtschaftlicher* Natur oder Relevanz. Im Anschluß an die in der Literatur eingeführte Terminologie können wir die meisten von ihnen auch als *makro-ökonomische* Zielobjekte bezeichnen. Als Beispiele für solche Zielobjekte seien angeführt: die volkswirtschaftliche Wertschöpfung, Gesamtbeschäftigung, Investition, Konsum, Ersparnis, Produktionsstruktur, Verteilungsstruktur, Geldwert, Saldo der Zahlungsbilanz, Kapitalstock u. a. m.

Diese kurze Aufzählung der möglichen Zielsachverhalte der Allgemeinen Volkswirtschaftspolitik läßt trotz ihrer Unvollständigkeit die weitere Erkenntnis zu, daß es sich bei ihren Maßnahmen keineswegs immer und notwendigerweise um den Einsatz sogenannter *genereller* Instrumente der Wirtschaftspolitik handeln muß, die gemäß unseren Ausführungen im ersten Band dieses Werkes Datenveränderungen für *sämtliche* Wirtschaftssubjekte innerhalb einer Volkswirtschaft repräsentieren (zumindest potentiell) und eben deswegen zu entsprechenden Anpassungsreaktionen in den Wirtschaftsplänen *aller* Wirtschaftssubjekte führen; vielmehr genügen durchaus auch *spezielle* oder gar *punktuelle* Instrumente, soweit sie für die geplante und beabsichtigte Beeinflussung gesamtwirtschaftlicher oder gesamtwirtschaftlich relevanter Zielsachverhalte geeignet sind. Beispiele für die erstgenannte Kategorie von Mitteln der Wirtschaftspolitik sind der Zinssatz, Veränderungen des Umsatzsteuersatzes, Konsumverbot oder Konsumbeschränkung für Güter des allgemeinen Bedarfs, nicht-differenzierende Förderung der Ersparnisbildung u.a.m. Für die andere Kategorie von Maßnahmen könnten als Beispiele herangezogen werden: die Beeinflussung *bestimmter* Investitionen (oder Investoren), um das Volumen (Niveau) oder die Zusammensetzung (Struktur) der volkswirtschaftlichen Gesamtinvestition zu verändern; die wirtschaftspolitische Beeinflussung *bestimmter* Konsumentenschichten, um die gesamtwirtschaftliche Konsum- und Sparfunktion umzugestalten; die wirtschaftspolitische Förderung *bestimmter* Exporte, um damit den Zahlungsbilanzsaldo zu verkleinern; die Veränderung der Wettbewerbsstruktur an *bestimmten* Märkten, um die gesamtwirtschaftliche Wettbewerbsstruktur zu verbessern u.a.m.

1.2 Der Zielkatalog

Wie wir bereits im 1. Band dieser Einführung darlegten, ist die Anzahl der *möglichen* Ziele der Wirtschaftspolitik außerordentlich groß. Die Anzahl der *faktischen* Ziele, die in das konkrete wirtschaftspolitische Programm des Trägers der Wirtschaftspolitik eingehen und die *Zielkombination* bzw. den *Zielkatalog* (in der Literatur zuweilen auch als Zielfunktion bezeichnet) repräsentieren, ist zwar erheblich geringer; unter Berücksichtigung der vielfältigen Kombinationsmöglichkeiten bleibt ihre Anzahl aber immer noch so groß, daß wir uns in einer einführenden Darstellung wie der vorliegenden auf *Fundamentalziele* beschränken müssen, selbst wenn wir in diesem Band ebenso wie im vorhergehenden *ausschließlich* auf die Verhältnisse in überwiegend *marktwirtschaftlichen* Systemen abheben. Um den Bezug zur Wirklichkeit möglichst eng zu gestalten, soll unsere Darstellung auf diejenigen Ziele der Wirtschaftspolitik ausgerichtet werden, die von den Trägern der Wirtschaftspolitik in allen marktwirtschaftlichen Systemen der Gegenwart nahezu ohne Ausnahme, wenn auch mit unterschiedlichem Gewicht und Platz in der Rangordnung der Ziele, als Fundamentalziele angestrebt werden. Gemäß unseren Ausführungen in Bd. 1 sind die *komplexen Fundamentalziele* die maßgeblichen Teilelemente der kollektiven Wohlfahrtsfunktion, durch deren Realisierung uno actu das gesellschaftliche Wohlfahrtsniveau beeinflußt wird (Vgl. hierzu Abb. 7, Bd. 1).

Das bedeutsamste Fundamentalziel im Hinblick auf die erstrebte Wohlfahrtssteigerung ist bei langfristiger Betrachtung das *Wirtschaftswachstum,* weshalb wir dieses Ziel auch an erster Stelle nennen. Möglichst hohe Wachstumsraten pro Planperiode sind die Voraussetzung dafür, daß der wirtschaftliche Wohlstand nach Ausmaß und Tempo pro Periode maximal zunimmt. Wir können an dieser Stelle noch offen lassen, wie das Wachstum zu definieren und zu messen ist: als Volkseinkommenszunahme (absolut oder pro Kopf der Bevölkerung) oder Zunahme des Sozialproduktes.

Als weiteres Fundamentalziel ist sodann die *Soziale Sicherheit* zu nennen, hier vorzugsweise verstanden als Sicherung der ökonomischen Existenz der Mitglieder der Wirtschaftsgesellschaft, was den Schutz bei Krankheit, Invalidität, Arbeitslosigkeit usw. einschließt. Diese Zielsetzung ist mit der vorgenannten insofern verknüpft, als in marktwirtschaftlich orientierten Systemen die größten Gefahren für die soziale Sicherheit aus der *Ungleichmäßigkeit* und *Unregelmäßigkeit* des Wachstums drohen, die die Form von Konjunkturzyklen annehmen können, wie uns die Wirtschaftsgeschichte zeigt. Soziale Sicherheit verlangt also in erster Linie eine weitgehende *Stabilität* des Wirtschaftswachstums, die ihrerseits wiederum nur über eine entsprechende Stabilität des Geldwertes und der Beschäftigung und eine hierauf gerichtete Beschäftigungs- und Konjunkturpolitik zu erreichen ist.

Als drittes und letztes Fundamentalziel soll die *Soziale Gerechtigkeit* aufgeführt werden, deren wichtigster Aspekt die Gerechtigkeit der Einkommensverteilung ist. Dieses Fundamentalziel hängt mit dem Anliegen der Wohlstandssteigerung insofern auf das engste zusammen, als das gesellschaftliche Wohlstandsniveau (bei gegebenem Volkseinkommen) davon abhängt, in welchem Umfang Gruppen und Individuen an dem durch die gemeinschaftlichen produktiven Anstrengungen der Wirtschaftsgesellschaft geschaffenen Volkseinkommen beteiligt werden. Wie immer auch der Gerechtigkeitsbegriff interpretiert werden mag — die Verwirklichung dieser Zielsetzung erfordert instrumental eine entsprechende *Verteilungspolitik*.

Es versteht sich von selbst, daß diese drei Fundamentalziele eine ganze Reihe von Zwischenzielen mit *Instrumentalcharakter* für die Realisierung der Fundamentalziele einschließen; die Wirklichkeit zeigt ferner, daß das Zielsystem außerdem durch eine mehr oder weniger große Zahl von *Nebenzielen* angereichert wird. Von diesen Nebenzielen wollen wir eines in unserer Darstellung berücksichtigen, dem aus der Perspektive der Allgemeinen Volkswirtschaftspolitik das größte Gewicht und mit Bezug auf die Verhältnisse in der Bundesrepublik hohe Aktualität zukommt: die *ökonomische Freiheit*. Aus methodologischen Gründen wollen wir dieses Nebenziel als *Nebenbedingung* für die Realisierung der Fundamentalziele einführen, so daß also je nach quantitativer bzw. qualitativer Fixierung und Abstimmung der Zielkombination durch den Träger der Wirtschaftspolitik das jeweils größtmögliche Ausmaß an ökonomischer Freiheit durch eine entsprechende *Wirtschaftsordnungspolitik* zu garantieren ist.

1.3 Die Aufgabenbereiche

Obwohl es dem Wissenschaftler verwehrt ist, selbst die Werte (quantitativ oder qualitativ) festzulegen, mit denen die Ziele in das konkrete Programm des Trägers der Wirtschaftspolitik aufgenommen werden sollen (Werturteilsproblematik), gestattet nichtsdestoweniger die vorstehende Aufzählung der Fundamentalziele und Nebenbedingungen die Ableitung der wichtigsten *Aufgabenbereiche* der Allgemeinen Volkswirtschaftspolitik, mit denen wir uns in diesem Band vorzugsweise bzw. fast ausschließlich befassen wollen.

Wir erhalten so die folgenden Aufgabenbereiche, die gleichzeitig auch in der genannten Reihenfolge das Gliederungsschema für unsere Darstellung abgeben: Wachstums- bzw. Entwicklungspolitik, Konjunktur- bzw. Beschäftigungspolitik, Verteilungspolitik und Wirtschaftsordnungspolitik. Diese Teilbereiche der Allgemeinen Volkswirtschaftspolitik stehen selbstverständlich nicht nebeneinander, welchen Eindruck die Gliederung bei oberflächlicher Prüfung vermitteln könnte, sondern sie bilden ein *integrales Ganzes.* Vielfältig und eng sind die Verbindungslinien zwischen diesen Bereichen wirtschaftspolitischer Aktivität, wobei die wesentlichen Verbindungselemente in den Zielen selbst, dem Wirkungsmechanismus der Instrumente der Wirtschaftspolitik und der Interdependenz der wirtschaftlichen Teilprozesse liegen.

Selbstverständlich erhebt unsere Aufzählung der maßgeblichen Bereiche der Allgemeinen Volkswirtschaftspolitik keinen Anspruch auf Vollständigkeit; man kann durchaus die Auffassung vertreten, daß beispielsweise die Außenhandelspolitik, die Sozialpolitik und insbesondere die Raumordnungspolitik der Allgemeinen Volkswirtschaftspolitik zuzuordnen sind, weil sie sich deutlich durch ihre ganzheitliche, gesamtwirtschaftliche Betrachtungsweise von den Disziplinen der Speziellen Wirtschaftspolitik unterscheiden, deren Betrachtungsweise mehr *sektoraler* Natur ist. Aus Raumgründen sind wir jedoch gehalten, uns auf die *wichtigsten* Aufgabenbereiche zu beschränken, wenngleich auch von der Möglichkeit Gebrauch gemacht wurde, in die Darstellung zu den wichtigsten Bereichen der Allgemeinen Volkswirtschaftspolitik auch Betrachtungen aus den übrigen Bereichen einzubeziehen. Relativ häufig sogar war ein solches Vorgehen geboten und ergab sich zwingend aus dem jeweiligen Gegenstand: So etwa bei der Wachstums- und Konjunkturpolitik, die die Einbeziehung der Außenhandelsproblematik verlangt, oder bei der Verteilungspolitik, die nicht zureichend abgehandelt werden könnte, ohne sie in den größeren Zusammenhang der Sozialpolitik zu stellen.

Raumgründe schließlich waren es auch, die zu äußerster Konzentration der Darstellung unter Außerachtlassung aller Detailfragen und peripherer Problemstellungen zwangen. Trotz dieser Einschränkungen konnte der verbleibende Stoff häufig nur in groben Umrissen und skizzenartig bei gleichzeitiger Vereinfachung der Argumentation behandelt werden.

2. Wachstums- und Entwicklungspolitik

2.1 Allgemeines

Wir wollen uns damit gleich dem ersten Aufgabenbereich der Allgemeinen Volkswirtschaftspolitik zuwenden, dessen Zielvariable das *wirtschaftliche Wachstum* ist. Mit Rücksicht auf die übrigen Fundamentalziele wie auch auf die Nebenbedingung, die es nach unserer Aufzählung zu berücksichtigen gilt, ist das Wachstumsziel dahingehend zu präzisieren, daß durch den Träger der Wirtschaftspolitik eine *optimale Wachstumsrate* angestrebt wird. Die in der Regel auftretenden *Zielkonflikte* zwischen den Fundamentalzielen und die Antinomien zwischen den weiteren Zielen bzw. Nebenbedingungen machen den Verzicht auf eine *maximale* Wachstumsrate erforderlich. Aus unseren weiteren Ausführungen in diesem Abschnitt wird zudem deutlich werden, daß darüber hinaus auch noch andere Gründe für eine solche Zurückhaltung in der Formulierung der Wachstumszielsetzung Veranlassung geben können.

Mit Absicht behandeln wir die Wachstums- oder auch Entwicklungspolitik *vor* den übrigen Aufgabenbereichen der Allgemeinen Volkswirtschaftspolitik. Die Berechtigung für dieses Vorgehen liegt einerseits in der *Aktualität* dieser Zielsetzung, die sich darin dokumentiert, daß in den wirtschaftspolitischen Zielkatalogen aller Volkswirtschaften der Gegenwart das Wachstum eine zentrale und dominierende Stellung einnimmt, gleichgültig, ob es sich um Entwicklungsländer oder entwickelte Länder, um Industrie- oder Agrarländer, um Volkswirtschaften mit zentralverwaltungswirtschaftlichen oder marktwirtschaftlichen Systemen handelt oder was dergleichen Gegenüberstellungen mehr sein mögen; zum anderen ist aber in diesem Zusammenhang auch darauf hinzuweisen, daß eine erfolgreiche Wachstumspolitik die wirtschaftspolitische Aktivität in den übrigen Bereichen nicht unerheblich *erleichtert.* Einige wenige Beispiele mögen dies verdeutlichen: In einer wachsenden Wirtschaft verliert das *Beschäftigungsproblem* manche seiner Komplikationen, vor die es die praktische Wirtschaftspolitik in einer *stagnierenden* (stationären) Wirtschaft stellt; eine Politik der *Einkommensübertragungen* in einer *stationären* Wirtschaft impliziert Einkommensminderungen (absolut) bei bestimmten Einkommensbeziehern zugunsten anderer, während in einer wachsenden Wirtschaft Einkommenskorrekturen auf den gesamtwirtschaftlichen *Einkommenszuwachs* begrenzt werden können, was die erwähnten Einkommensminderungen unnötig macht; die sich ständig vollziehenden Änderungen der Produktionsstruktur einer wachsenden Wirtschaft im Zeitablauf und die daraus resultierenden *Schrumpfungsprozesse* für bestimmte Branchen sind erheblich leichter und schneller zu vollziehen als in einer stagnierenden Wirtschaft, da die freiwerdenden Produktionsfaktoren von den expandierenden Wirtschaftszweigen absorbiert werden können.

Was immer auch die konkreten Beispiele sein mögen, die mit dem Wachstumsprozeß verbundenen Erleichterungen können auf einen *gemeinsamen Nenner* gebracht werden: der *Handlungsspielraum* der praktischen Wirtschaftspolitik wird erweitert, die wirtschaftspolitischen Aktionsmöglichkeiten werden verbessert und zwar insbesondere dadurch, daß die Zahl der wirtschaftspolitischen Alternativen vergrößert wird. Für die Wirtschaftspolitik gilt deshalb in bezug auf das Wachstum das gleiche wie für das Wirtschaften des einzelnen sowie sozialer Gruppen: es erweitert die Freiheitssphäre der Individuen und der Gesellschaft dadurch, daß neue *Alternativen* geschaffen werden, die den wirtschaftenden Menschen von dem Zwang befreien, seine Zeit und Mühen ausschließlich oder ganz überwiegend auf die Beschaffung von Nahrung, Kleidung, Wohnung, d. h. Gütern und Leistungen zur Existenzsicherung zu verwenden. Wie *Lewis* in seiner brillanten und umfassenden Studie gezeigt hat, ist dies der wesentliche und zentrale Aspekt des Wachstumsprozesses, in den alle seine konkreten Auswirkungen einmünden. Gleichzeitig wird mit dieser Konzeption dem Wachstum eine Rolle zugewiesen, die die Präponderanz der Wachstumszielsetzung begründet und sie in dem Sinne von den differierenden und sich wandelnden gesellschaftlichen Verhältnissen unabhängig macht, als das Wachstum für *jede* Gesellschaft zu einem unabdingbaren Requisit für die Entfaltung von Persönlichkeit und Gesellschaft wird.

Um so bemerkenswerter ist es, daß das Wachstum als eines der Fundamentalziele der Wirtschaftspolitik erst in unserem Jahrhundert breite Aktualität gewinnt, und daß sich die Wissenschaft — wenn wir von vereinzelten Beiträgen früherer Perioden absehen — erst in den letzten Dezennien intensiv mit dem Phänomen befaßt; der ganz überwiegende Teil der wissenschaftlichen Beiträge theoretischen und wirtschaftspolitischen Charakters entfällt sogar erst auf die Zeit nach dem zweiten Weltkrieg. Fragen wir nach den Gründen für die Aktualisierung der Problematik in unserem Zeitalter, so ist sicherlich eine zufriedenstellende und vollständige Antwort wegen der Vielzahl von Fakoren nur schwer zu finden; es scheint jedoch so, als müsse dem *Ost-West-Konflikt,* der erheblich verbesserten *konjunkturellen Stabilität* der marktwirtschaftlichen Systeme nach dem zweiten Weltkrieg und dem politischen Bedeutungszuwachs der *Entwicklungsländer* nach dem zweiten Weltkrieg in diesem Zusammenhang besonderes Gewicht zugemessen werden. Solange schwere Depressionen im Stile der Weltwirtschaftskrise der 30er Jahre die Volkswirtschaften immer wieder in mehr oder weniger regelmäßigen Zeitabständen zu erschüttern drohten, war verständlicherweise sowohl für die praktische Wirtschaftspolitik wie für die Wissenschaft das alles überragende Problem die Konjunktur- und Beschäftigungspolitik; erst in dem Augenblick, da die historischen Erfahrungen nach Beendigung des zweiten Weltkrieges zusammen mit den verbesserten wissenschaftlichen Einsichten in das Konjunkturphänomen als zureichend gesichert erscheinen ließen, daß die Konjunkturschwankungen auf dem Niveau vergleichsweise milder *Rezessionen* gehalten werden können, war der Weg für die Aktualisierung der Wachstumszielsetzung frei. Daß sie dann auch *faktisch* innerhalb kürzester Zeit das Interesse der breiten Öffentlichkeit in der ganzen Welt in einem Maße auf sich ziehen konnte, das einige Beobachter von „Wachstumsbewußtsein" oder gar *„Wachstumspsychose"* sprechen läßt, ist auf den *Ost-West-Konflikt* zurückzuführen, der mit der seit längerem zu beobachtenden politischen Entspannung mehr und mehr zu einer Auseinandersetzung zwischen den *Wirtschaftssystemen* geworden ist, wenngleich auch schon *vor* Ausbruch des Konfliktes die Rivalität der Wirtschaftssysteme die internationalen Beziehungen belastete. Aber erst der Ausgang des zweiten Weltkrieges, der die UdSSR als die zweitstärkste Weltmacht hinter den USA zurückließ, akzentuierte diese Rivalität mit gleichzeitiger Zuspitzung auf die *Wachstumsraten* und *Wachstumschancen* der sich gegenüberstehenden Systeme. Nicht nur der *machtpolitische* Hintergrund der Auseinandersetzung ließ dabei in langfristiger Sicht das Wachstum drüben und hüben zum wichtigsten Beurteilungskriterium werden, sondern auch ideologiegeschichtlich war eine solche Entwicklung vorgezeichnet: der spezifische Entwicklungsgedanke des dialektischen Materialismus, der bekanntlich in seiner marxistischen Variante die ideologischen Grundlagen für die sowjetrussische Wirtschaftspolitik abgibt, erhob erstmalig in der modernen Wirtschaftsgeschichte Entwicklung und Wachstum der Wirtschaft in den Rang einer *dominierenden Zielvariablen* der Wirtschaftspolitik. Die sowjetrussische Wirtschaftspolitik zeichnete sich deshalb von Anbeginn an durch ein stark ausgeprägtes Wachstumsdenken aus und unterwarf den Entwicklungsprozeß einer umfassenden und detaillierten *Planung und Regulierung*, die ja das Charakteristikum zentralverwaltungswirtschaftlicher Systeme sind. Mit Rücksicht auf das erklärte Ziel, innerhalb kürzester Frist das wirtschaftliche Entwicklungsniveau der kapitalistischen Länder einzuholen und zu überholen, wurde dem Wachstum *absolute* Priorität vor allen anderen Zielsetzungen eingeräumt. Die Erfolge dieses ersten Versuches einer äußerst zielstrebigen und planvoll betriebenen Wachstumspolitik, die ihre konkrete Form in detaillierten und umfassenden Entwicklungsplänen (Fünf- bzw. Siebenjahresplänen) fand, waren erstaunlich und erregten zu Recht die Aufmerksamkeit der Weltöffentlichkeit: die jährlichen Wachstumsraten der sowjetrussischen Wirtschaft lagen in der Zwischenkriegsperiode erheblich über den Wachstumsraten der „kapitalistischen“ Länder, selbst wenn die notwendigen Korrekturen an den sowjetrussischen Berechnungsmethoden vorgenommen werden und für den Vergleich die Phasen beschleunigten Wachstums der „kapitalistischen“ Industrienationen in der zweiten Hälfte des vorigen Jahrhunderts zugrunde gelegt werden. Allerdings läßt das vorliegende statistische Material auch erkennen, daß die durchschnittlichen jährlichen Wachstumsraten der sowjetrussischen *Industrieproduktion* von Planperiode zu Planperiode kontinuierlich gefallen sind — und zwar sowohl die geplanten wie auch die faktischen Wachstumsraten — bis auf eine geplante durchschnittliche Wachstumsrate von derzeit rd. 8,5 % pro Jahr innerhalb des laufenden Siebenjahresplanes und auf eine faktische Wachstumsrate von etwas mehr als 7 % für 1964. Für 1966 mußte sogar die geplante Rate auf 6,5 % revidiert werden.

Selbst wenn aber gemäß unserer Vermutung die sowjetrussischen Wachstumsraten in der Zukunft nicht wieder für längere Fristen ansteigen und annäherungsweise auf ihrem gegenwärtigen Stand verharren sollten, sind sie immer noch vergleichsweise hoch und geben damit der westlichen Welt auch weiterhin alle Veranlassung, sich um das eigene Wirtschaftswachstum und die Wachstumsproblematik generell auf das äußerste und entschlossenste zu bemühen. Sollen diese Bemühungen Erfolg haben, so bedarf es auch von seiten der westlichen Welt einer ähnlich systematisch und umfassend betriebenen *Wachtumspolitik* wie im Osten, die ihrerseits eine vertiefte und verbesserte wissenschaftliche Erforschung des Wachstumsprozesses, d. h. der Wachstumsfaktoren, der Wachstumsmechanismen, der wachstumsfördernden und wachstumshemmenden Bedingungen usw. voraussetzt.

Bedauerlicherweise sind nun unsere gegenwärtigen wissenschaftlichen Einsichten in das Wachstumsphänomen, trotz der erwähnten Intensivierung der Wachstumsforschung seit Beendigung des zweiten Weltkrieges noch nicht so weit gediehen, daß wir die praktische Wachstumspolitik auf einer ähnlich sicheren Basis wie andere Bereiche der Allgemeinen Wirtschaftspolitik handhaben könnten. Zwar konnte unser historisch-empirisches Wissen über den Wachstumsprozeß erheblich verbessert werden, es konnte auch eine Fülle neuer und wichtiger theoretischer Detaileinsichten gewonnen werden, aber von einer einheitlichen und allgemein akzeptierten Wachstumstheorie kann vorläufig noch keine Rede sein.

Angesichts der Vielschichtigkeit der Problematik und unter Berücksichtigung des Umstandes, daß es sich bei dem Phänomen um einen äußerst komplexen Prozeß handelt, ist das nicht weiter erstaunlich. Die Anzahl von Bedingungen, die den Prozeß beschleunigen oder verlangsamen können, ist so groß, daß jedem historischen Wachstumsprozeß *Singularität* zukommt, und daß kein theoretisches Modell sie vollständig berücksichtigen könnte. Wie zahlreich die Faktoren und Bedingungen sind, wird aus den Ausführungen der folgenden Abschnitte dieses Kapitels deutlich werden, in denen wir uns mit einigen der wichtigsten von ihnen noch des näheren befassen werden.

Haben wir gerade die empirisch-historische Individualität jedes Wachstumsprozesses hervorgehoben, so ist doch auch gleich an dieser Stelle festzuhalten, daß die Wachstumsforschung vor einer unlösbaren Aufgabe stünde, gäbe es nicht auch gewisse *Regelmäßigkeiten* und einheitliche Züge, die allen Wachstumsprozessen gemeinsam anhaften. Diese Gemeinsamkeiten liefern einerseits die Ansatzpunkte für eine generalisierende Beschreibung von Wachstumsprozessen, die ihrerseits wiederum das Feld der relevanten Fragestellungen in den Bemühungen um die theoretische Klärung des Phänomens einengt. In einer einführenden Darstellung der Lehre von der Allgemeinen Volkswirtschaftspolitik ergibt sich ihre Bedeutung von selbst, weshalb wir uns in der gebotenen Kürze mit den wichtigsten von ihnen bekannt machen müssen.

1. Wachstum ist ein langfristiger Prozeß, durch den stagnierende (stationäre) Volkswirtschaften in einen Zustand starker *Evolution* versetzt werden. Im Zuge dieses Wachstumsprozesses wird das *Produktionspotential* der Wirtschaftsgesellschaften stark ausgeweitet, so daß bei entsprechender Ausschöpfung dieses Produktionspotentials die Versorgung der Gesellschaft mit Gütern und Leistungen verbessert wird, d. h. das Wachstum manifestiert sich in einem Ansteigen des *realen Volkseinkommens* bzw. des Sozialproduktes. Mit der Realeinkommenssteigerung geht in der Regel eine *Nominaleinkommenssteigerung* einher, die bei steigenden Preisen für die aus der Produktion fließenden Güter- und Leistungsströme die *realen* Wachs-

tumsraten übertrifft. Da das Nominaleinkommen auch ohne eine gleichzeitige Ausweitung des gesamtwirtschaftlichen Güter- und Leistungsvolumens zunehmen kann (bzw. sogar bei dessen Verringerung), sind Nominaleinkommenssteigerungen unter diesen Voraussetzungen *keine* Wachstumsprozesse. Ob durch die mit Nominaleinkommenssteigerungen einhergehenden Inflationsprozesse (soweit sie das reale Einkommenswachstum übertreffen) das Wachstum beschleunigt oder gehemmt wird, ist in der Literatur umstritten und braucht hier nicht entschieden zu werden.

2. Das Wachstum ist ein nachhaltiger und *sich selbst erhaltender* Prozeß in dem Sinne, daß er über sehr lange Zeitabschnitte — wenn auch mit Unterbrechungen — durch *immanente* Antriebskräfte gespeist wird, sobald die Volkswirtschaft einmal das kritische Stadium der *Vorbereitungs-* und *Einleitungsphase* überwunden hat und der Wachstumsprozeß in Gang gekommen ist. Die Feststellung gilt unabhängig davon, ob das Wachstum eine *Zielvariable* der praktischen Wirtschaftspolitik ist oder nicht und also eine bewußt geplante Wachstumspolitik betrieben wird oder nicht. In Zentralplanwirtschaften, in denen die Ausweitung des Produktionspotentials ausschließlich oder überwiegend auf die Wirtschaftsentscheidungen des Staates zurückgeht (wie beispielsweise in der Sowjetunion), bedarf es zur Nachhaltigkeit des Wachstums selbstverständlich keiner prozeßimmanenten Antriebskräfte.

3. Das Wachstum erfolgt nicht *gleichmäßig* im Zeitablauf, sondern in *Schüben (Sprüngen)* oder *Wachstumszyklen*. Die Unstetigkeit der Wachstumsraten äußert sich in kurzfristiger Sicht in *Konjunkturschwankungen,* die in marktwirtschaftlichen Systemen bei entsprechender Stärke zu *Beschäftigungsschwankungen* führen. Im Zuge dieser Beschäftigungsschwankungen bleibt ein Teil des Produktionspotentials der Volkswirtschaft ungenutzt, was gleichbedeutend mit *Wachstumsverlusten* ist. Ein wichtiges Ziel

der modernen Wachstumspolitik ist deshalb die *Stetigkeit* des Wachstums bei möglichst hohen Wachstumsraten unter Berücksichtigung weiterer Bedingungen (Optimierungsproblem!).

4. Von ganz wenigen historischen Ausnahmen abgesehen, ist Wachstum gleichbedeutend mit *industriellem* Wachstum in dem Sinne, daß die Industrie das *Wachstumszentrum* innerhalb der Volkswirtschaft darstellt, das seine *Wachstumsimpulse* auf die übrigen Sektoren der Volkswirtschaft ausstrahlt. Darüber hinaus ist das industrielle Wachstum insofern notwendiges Requisit des Entwicklungsprozesses, als *zeitlich unbegrenztes* Wachstum in der Regel nur möglich ist, wenn die Industrie die dominierende *Wachstumskomponente* liefert. Wachstumsprozesse, die maßgeblich auf die Entwicklung der Urproduktion (Landwirtschaft, Fischerei, Forstwirtschaft u. a.m.) beschränkt sind (die oben erwähnten Ausnahmen), stoßen sehr bald auf *nachfragebedingte Hemmnisse* und Wachstumsbarrieren, wenn nicht durch günstige *Exportbedingungen* diese binnenwirtschaftlichen Hemmnisse kompensiert werden können. Dieser Sachverhalt ist einer der Hauptgründe für die *Industrialisierungsbemühungen nahezu aller Entwicklungsländer.*

5. Ist die Industrialisierung das maßgebliche Wachstumsmedium, dann muß sich im Zuge des Wachstumsprozesses die *Zusammensetzung des Sozialproduktes* und damit das Gewicht der Branchen und Produktionsstufen im Verhältnis zueinander verschieben. In diesem Zusammenhang ist auf die Ergebnisse der vergleichenden historischen Wachstumsforschung zu verweisen, die eine systematische *Strukturveränderung* als empirische Regelmäßigkeit nachweisen konnte, derzufolge der relative Produktionsbeitrag des Sektors der primären Produktion (Urproduktion) zugunsten der Beiträge des sekundären Sektors (verarbeitende Industie) und des tertiären Sektors (Dienstleistungsbereich) kontinuierlich zurückgeht, bedingt durch die unterschiedlichen Wachstumsraten der Sektoren. Innerhalb des sekun-

dären Sektors vergrößert sich der Anteil der Investitionsgüterindustrie zu Lasten der Konsumgüterindustrie. Es versteht sich von selbst, daß diese starken Änderungen der Produktionsstruktur eine entsprechende Umverteilung der *Beschäftigten* bzw. der Erwerbstätigen auf die erwähnten Sektoren bedingen. Wegen der Bedeutung der Strukturwandlungen für das Wachstum ist die wachstumsorientierte *Strukturpolitik,* die den erforderlichen Strukturwandel zwecks Herbeiführung bzw. Sicherung eines *harmonischen stetigen* Wachstums nicht unerheblich erleichtern kann, ein wichtiges Feld der Wachstumspolitik. Im Rahmen der strukturpolitisch orientierten Wachstumspolitik gewinnen in der Neuzeit die Maßnahmen zur Erhöhung der *Faktormobilität* (interregional und interberuflich beim Faktor Arbeit, interregional und intersektorial beim Faktor Kapital) mehr und mehr an Gewicht.

6. Die für das Wachstum notwendige nachhaltige Steigerung des Produktionspotentials über lange Zeitspannen hinweg verlangt die *Verbesserung der Ausstattung* der Volkswirtschaft mit *Produktionsfaktoren* in *quantitativer* und *qualitativer* Hinsicht. Zwar kann auch das Produktionspotential durch *Produktivitätssteigerungen* ohne Verbesserung des Faktorangebotes angehoben werden (interregionale und internationale Arbeitsteilung, Spezialisierung, Verbesserung der Faktorenkombination, Verbesserung der Betriebsgrößenstruktur, Umverteilung der Faktoren von Produktionsbereichen mit niedriger in solche höherer Produktivität u. a.m.); aber wie die Wachstumsforschung zeigt, sind die darin liegenden Wachstumschancen begrenzt und tragen teilweise peripheren Charakter. In allen Industrienationen hat in der Phase der Industrialisierung das Hauptgewicht auf der *Vergrößerung des Faktorangebotes* — insbesondere der Arbeit und des Kapitals — gelegen. Der Kapitalapparat kann mit beachtlichen Wachstumsraten nur durch entsprechende *Investitionstätigkeit* ausgedehnt werden, was bei gleichzeitiger Kapitalintensivierung (größerer Kapitaleinsatz je *Beschäftigten)* des Produktions-

prozesses zur beschleunigten Steigerung der Arbeitsproduktivität führt. Wir bezeichnen diese letzterwähnte Form der Entwicklung als *intensives* Wachstum im Gegensatz zum *extensiven* Wachstum, bei dem die Kapitalausstattung je Arbeitsplatz nicht oder nur geringfügig verbessert wird, weil das Beschäftigungsvolumen mit etwa der gleichen Rate wie das Kapitalvolumen wächst. Das *extensive* Wachstum ist besonders charakteristisch für die *frühen* Wachstumsphasen, weil die Bevölkerung sich erfahrungsgemäß in diesen Phasen stark vermehrt und mit ihr das Arbeitsvolumen. Die außerordentlich starke Bevölkerungszunahme in den europäischen Industrienationen im vorigen Jahrhundert bestätigt diesen Zusammenhang ebenso wie eines der jüngsten Beispiele, nämlich Indien, wo die Wachstumsrate der Bevölkerung nach einer Veröffentlichung von *Subramaniam* in der Phase der beiden ersten Fünfjahrespläne von 1951—1960 auf 23,0 % gegenüber 14 % in dem vorausgehenden Jahrzehnt 1941—1951 anstieg. Mit der *Investitionstätigkeit* (Ersatz- und Nettoinvestitionen) ist der *technische Fortschritt* als wichtiges Mittel der Produktivitätssteigerung insofern auf das engste verknüpft, als zur Entwicklung von technischen Neuerungen wie auch insbesondere zu ihrer Übertragung in die Praxis Ersatz- bzw. Neukapital erforderlich ist (embodied innovation!).

7. Wächst das Realeinkommen *stärker* als die Bevölkerung im Zuge des Wachstumsprozesses, dann steigt das *Durchschnittseinkommen* oder *Realeinkommen pro Kopf an*. Die vorliegenden statistischen Zeitreihen weisen sowohl für die alten wie auch die jungen Industrienationen einheitlich eine solche Entwicklung nach. Von vielen Wachstumsforschern wird unter Hervorhebung dieser Entwicklungsgesetzmäßigkeit das Wachstum mit derjenigen Phase des Entwicklungsprozesses identifiziert, in der Stärke und Tempo des Prozesses das Bevölkerungswachstum übertreffen, womit das steigende Pro-Kopf-Einkommen zum maßgeblichen Wachstumskriterium wird und gleichzeitig zum Wachstumsmaßstab. Die theoretische Rechtfertigung für

dieses Vorgehen ist zwar nicht einheitlich, das Hauptargument in diesem Zusammenhang liegt jedoch auf der gerade erwähnten Investitionstätigkeit, d. h. *Realkapitalbildung*, die ihr monetäres Äquivalent in der Akkumulation oder *Ersparnisbildung* findet. Da offensichtlich die Produktion und das Produktionspotential kontinuierlich und über lange Zeiträume hinweg nicht erweitert werden können ohne Vergrößerung (und Verbesserung) der Kapitalausrüstung der Volkswirtschaft, fällt der Kapitalbildung die *strategische Rolle* und *Schlüsselposition* im Wachstumsprozeß zu. Die Situation in den Entwicklungsländern ist nun u. a. dadurch gekennzeichnet, daß das Pro-Kopf-Einkommen sehr niedrig ist, so niedrig, daß es gerade zur Deckung des Existenzbedarfs der Masse der Bevölkerung ausreicht und wenig Raum für Ersparnisse und ihre langfristige Bindung in Kapitalgütern läßt. Auf jeden Fall liegt hier die Kapitalbildung in der Regel unter einer von Fall zu Fall variierenden kritischen Größe, von der ab erst ein nennenswertes Wachstum des Pro-Kopf-Einkommens möglich ist.

8. Kapitalbildung und Investitionstätigkeit sind im Wachstumsprozeß auch mit Rücksicht auf die Entwicklung und Verbesserung der *Infrastruktur* (social capital, social overheads) erforderlich, wie die Wachstumsprozesse der Vergangenheit und Gegenwart in der vergleichenden Betrachtung eindeutig zeigen. Die Wachstumseffekte aus Verbesserungen der *ökonomischen* Infrastruktur (Wasserwirtschaft, Energiewirtschaft usw.) liegen offen zutage und sind für jedermann einsichtig; weniger leicht erkenntlich — deshalb aber von nicht geringerer Bedeutung für das Wachstum — sind die Verbesserungen der *sozialen* Infrastruktur wegen ihrer *indirekten* Kapazitätseffekte. Diese indirekten wachstumsfördernden Effekte aus Investitionen in die Infrastruktur wirken sich zu einem nicht unerheblichen Teil in einer *qualitativen* Verbesserung der beiden Faktoren Arbeit und Boden aus. Effizienz und Produktivität dieser Faktoren können also durch solche Investitionen in die Infrastruktur wie übrigens auch durch weitere In-

vestitionen gesteigert werden, die nicht auf dem Umweg über die Infrastruktur, sondern direkt die Faktorausstattung mit Boden und Arbeit verbessern (soil capital und human capital).

9. Verbesserungen der Faktorausstattung einer Volkswirtschaft in quantitativer und qualitativer Hinsicht sind wichtige Aspekte des Wachstumsprozesses, auf die ein erheblicher Teil des Wachstums zurückgeführt werden kann. Eine ähnliche — wenn nicht sogar größere Bedeutung — kommt dem *technischen Fortschritt* (und dem *organisatorischen* Fortschritt) als Wachstumsfaktor zu, der insofern eng mit der Kapitalbildung verzahnt ist, als Erfindungen (inventions) und ihre Übertragung in die Praxis (innovations) in der Regel Kapitalaufwand erfordern, wenn wir von den seltenen Fällen des *kapitalsparenden* technischen Fortschritts absehen. Gleichgültig, wie eng oder weit der Begriff des technischen Fortschritts gefaßt wird und welche Klassifikationen verwendet werden, sein produktionssteigernder Effekt wirkt sich im Prinzip wie eine quantitative oder qualitative Verbesserung der Faktorenausstattung der Volkswirtschaft aus: infolge des technischen Fortschritts kann mit dem gleichen Faktoreinsatz wie *vor* seiner Einführung ein *größerer* Produktausstoß erzielt werden. Obwohl der technische Fortschritt sowohl für Entwicklungsländer als auch für entwickelte Volkswirtschaften im Hinblick auf seine Wachstumseffekte von der grundsätzlich gleichen überragenden Bedeutung ist, kommt ihm doch gesteigertes Gewicht in den letztgenannten Volkswirtschaften zu, wenn wir den neuesten statistischen Untersuchungen (Solow, Fabricant, Bombach u. a. m.) über die Komponenten der Steigerung der Arbeitsproduktivität vertrauen dürfen. Da sich das Sozialprodukt eines Landes tautologisch als das Produkt aus der Beschäftigtenzahl und der Arbeitsproduktivität definieren läßt, muß bei stagnierender oder nur langsam wachsender Beschäftigtenzahl das Wachstum über *Steigerungen* der *Arbeitsproduktivität* bewirkt werden. Das wichtigste produktivitätssteigernde Verfahren ist da-

bei neben der *Substitution* von Arbeit durch Kapital, organisatorischem Fortschritt, struktureller Umschichtung der Arbeitskräfte u. a. m. der technische Fortschritt in seiner arbeitssparenden Variante.

Wir können damit unsere Darstellung über den Wachstumsprozeß abschließen, in der wir uns mit Absicht auf die wichtigsten Aspekte von genereller Bedeutung beschränkt haben. Da unsere Untersuchung ausschließlich den Zweck verfolgte, die maßgeblichen Ansatzpunkte für die Wachstumspolitik aufzuzeigen, konnten wir manche wichtige Details unberücksichtigt lassen, die Gegenstand vieler wachstumstheoretischer Studien und Untersuchungen der Gegenwart sind. Wir glauben auch ohne die Behandlung der Vielzahl von weiteren Bedingungen, Voraussetzungen, Wachstumsfaktoren, Strukturveränderungen usw., die für den Wachstumsprozeß im Einzelfall oder generell von Bedeutung sind, in unseren Ausführungen dargetan zu haben, daß das Wachstum ein außerordentlich vielschichtiges und komplexes Phänomen ist, mit vielerlei Varianten und stark variierender Verteilung der Gewichte und Akzente in der empirischen Realität. Die Nutzanwendung für die praktische Wachstumspolitik, die wir aus diesem Sachverhalt zu ziehen haben, ist die, daß es keine Einheits- und Standardrezepte für eine erfolgreiche Wachstumspolitik geben kann, sondern daß von Land zu Land differenziert werden muß und sogar innerhalb einer Volkswirtschaft die Anpassung der Programme an die verschiedenen Wachstumsphasen und -stadien erforderlich ist. Die bisher vorliegenden Erfahrungen in der Wachstumspolitik der Entwicklungsländer auf der einen Seite und der hochentwickelten Volkswirtschaften auf der anderen Seite, so unvollständig sie auch sein mögen, haben diese Einsicht doch voll bestätigt und die nicht seltenen Mißerfolge mit den Entwicklungsprogrammen der Nachkriegsperiode sind nicht zuletzt auf die anfängliche Vernachlässigung dieser wichtigen Einsicht zurückzuführen.

2.2 Arbeit und Boden

Nachdem wir uns einen ersten allgemeinen Überblick über das Wirtschaftswachstum verschafft haben, können wir nunmehr darangehen, uns mit den maßgeblichen *Wachstumsfaktoren* im einzelnen und ihrer wirtschaftspolitischen Problematik zu beschäftigen. Fragen wir danach, um *welche* Faktoren es dabei geht, dann kann uns unsere Übersicht die Antwort liefern: unter der Voraussetzung, daß von den natürlichen und sonstigen Hilfsquellen (Ressourcen) einer Volkswirtschaft bestmöglicher Gebrauch gemacht wird und ihre Nutzungsmöglichkeiten voll ausgeschöpft werden, setzt das Wachstum der Güter- und Leistungsströme die *quantitative* Entwicklung der *naturgegebenen* Hilfsquellen *Arbeit* und *Boden* bei komplementärem Wachstum der Kapitalausrüstung und/oder ihre *qualitative* Verbesserung neben dem technischen (und organisatorischen) Fortschritt voraus. In diesem Abschnitt wollen wir uns daher mit den wachstumspolitischen Aspekten von *Arbeit* und *Boden* beschäftigen und behalten die nächsten beiden Abschnitte der Behandlung der Kapitalbildung und dem technischen Fortschritt vor.

In der Wachstumsliteratur wird in der Regel, abweichend von unserem Vorgehen, der Boden nicht als *selbständiger* Wachstumsfaktor neben den übrigen aufgeführt, sondern unter den Kapitalbegriff subsumiert. Dieses methodologische Vorgehen wird damit begründet, daß der Boden in seiner ursprünglichen, von der Natur gelieferten Form und Verfassung wirtschaftlich nicht oder nur in seltenen Fällen genutzt werden könne. Vielmehr müsse er erst erheblich „aufbereitet" werden durch Investitionen. Aus diesem Grunde würde der nutzbare Boden eine Mischung aus Kapital und ursprünglichem Boden darstellen und seine Nutzungen entsprechend eine unauflösbare Verbindung aus Kapital und (ursprünglichen) Bodenleistungen. Abgesehen davon, daß mit Rücksicht auf den Faktor Arbeit die prinzipiell gleiche Situation vorliegt — wie wir bald noch sehen werden — und trotzdem die Arbeit als selbständiger Wachstumsfaktor behandelt wird, wollen wir uns diesem Vorgehen aus einer Reihe von Gründen nicht anschließen: der wichtigste ist nach unserem Dafürhalten der, daß es sich bei der Arbeit und dem Boden im Rohzustand um *ursprüngliche, naturgegebene* Produktionsfaktoren handelt im Gegensatz zum Kapital, das ein *abgeleiteter* (aus Arbeit und Boden) und produzierter Produktionsfaktor ist. Wir wollen diesen Unterschied dadurch auch terminologisch hervorheben, daß wir den Boden und die Bevölkerung, aus der sich ja das *Arbeitspotential* einer Volkswirtschaft rekrutiert, als *natürliche Grundlagen* des Wirtschaftens bezeichnen. Die einschlägige wachstumsorientierte Wirtschaftspolitik können wir dementsprechend als einen wichtigen Teil der *Wirtschaftsgrundlagenpolitik* charakterisieren; Teil der Wirtschaftsgrundlagenpolitik deshalb, weil zu den fundamentalen Sachverhalten, die die Basis für jegliches Wirtschaften bilden, auch Ethik, Moral, Religion, Rechtssystem, Staats- und Gesellschaftsverfassung u. a. m. gehören, die nachhaltig *Wirtschaftsgesinnung* und *wirtschaftliche Verhaltensweisen* beeinflussen. Mit ihnen wollen wir uns in unserer Darstellung nicht weiter beschäftigen, wenngleich auch ihre Relevanz für das Wachstum und die Entwicklung einer Wirtschaft nicht zu übersehen ist, wie die Erfahrungen in den Entwicklungsländern sehr anschaulich zeigen, wo diese übrigen Wirtschaftsgrundlagen teilweise recht unzureichend sind und auf ihre Weiterentwicklung im Gleichschritt mit dem angestrebten Wirtschaftswachstum zuweilen ein zu geringes Gewicht gelegt wurde.

Zum Nachteil der Entwicklungsländer ist in der Vergangenheit aber auch die Grundlagenpolitik hinsichtlich Arbeit und Boden mit zu wenig Nachdruck betrieben worden, was sich insbesondere mit Bezug auf die Bevölkerungspolitik als nachteilig für das Wirtschaftswachstum erwies: Bevölkerungsentwicklung und Entwicklung des Arbeitspotentials einer Volkswirtschaft hängen auf das engste zusammen, wenngleich auch außerdemographische Faktoren das Arbeitspotential beeinflussen. Eine wachstumsorientierte Bevölkerungspolitik kann aus diesem Grunde nicht ungestraft die ständige Anpassung des Arbeitspotentials auch in *qualitativer* Hinsicht an das jeweilige Entwicklungsstadium der Wirtschaft vernachlässigen; auch in dieser Hinsicht zeigt also der Wachstumsprozeß wichtige Komplementaritätsbeziehungen!

Kehren wir aber mit dieser Bemerkung über die Problematik in den Entwicklungsländern wieder auf unser eigentliches Anliegen, nämlich auf die wachstumsorientierte Wirtschaftsgrundlagenpolitik in *hochentwickelten* Wirtschaftsgesellschaften und hier zuerst auf die *Bevölkerungspolitik* zurück. Dabei ist vorab anzumerken, daß auch in diesem Falle, allerdings aus anderen Gründen, der *qualitativen* Verbesserung des Arbeitspotentials aus einer Reihe von Gründen in der Praxis hohe Bedeutung, wenn nicht gar das größte Gewicht vor der *quantitativen* Vergrößerung des Arbeitspotentials zukommt. Die Aussichten und Chancen also, das Wirtschaftswachstum über eine qualitative Verbesserung des Arbeitspotentials mit Hilfe *bildungspolitischer* Maßnahmen anzuregen, sind in der Regel wegen der relativ bescheidenen (natürlichen) Wachstumsrate der Bevölkerung in diesen Ländern unvergleichlich günstiger zu beurteilen, als der Versuch, das Wachstum des Arbeitspotentials über bevölkerungspolitische Maßnahmen mit dem Ziel einer nachhaltigen Vergrößerung der Wachstumsrate der Bevölkerung zu erreichen. Aus diesem Grunde wollen wir unsere Darstellung über die wachstumsorientierte *quantitative* Bevölkerungspolitik auch vergleichsweise kurz halten.

Fragen wir deshalb gleich nach den maßgeblichen Ansatzpunkten für eine so orientierte Bevölkerungspolitik, die durch die gezielte Beeinflussung von *Volumen* und *Zusammensetzung* der Bevölkerung das Arbeitspotential einer Volkswirtschaft und damit schließlich das arbeitsmäßige *Leistungspotential* den steigenden Anforderungen des Wachstumsprozesses anzupassen versucht. Daß dieses Leistungspotential ceteris paribus steigt, wenn die Anzahl der Personen in einer Volkswirtschaft wächst, die zur *Beteiligung am Erwerbsleben bereit und verfügbar sind* (Arbeitspotential), bedarf keiner weiteren Begründung. Größe und Veränderung des Arbeitspotentials in der Zeit hängen nun aber nicht nur von der quantitativen Bevölkerungsentwicklung ab, sondern werden auch von *strukturellen* Komponenten der Bevölkerung bzw. von der Veränderung dieser Strukturkomponenten beeinflußt. Eine der wichtigsten Strukturkomponenten ist in diesem Zusammenhang die *Altersgliederung* der Bevölkerung. Das Individuum kann aus biologischen Gründen erst von einem gewissen Mindestalter an und nur bis zu einem gewissen Höchstalter am Erwerbsleben teilnehmen. Die biologisch mögliche *Erwerbsquote* (Verhältnis von Erwerbsbevölkerung zur Gesamtbevölkerung) in einem bestimmten Zeitpunkt hängt damit von den Faktoren ab, die die Altersgliederung maßgeblich beeinflussen, wie Sterblichkeit, Geburtenhäufigkeit, Altersgliederung der Einwanderer und Auswanderer u. a. m., sowie der Veränderung dieser Faktoren in der Zeit. Bezüglich der Sterblichkeit ist in diesem Zusammenhang insbesondere auf die erhebliche Verbesserung der zeitlichen *Lebenserwartung* zu verweisen, die in Deutschland ebenso wie in den übrigen hochentwickelten Volkswirtschaften im Zuge der Fortschritte der Medizin, des öffentlichen Gesundheitswesens und der sozialen Krankenfürsorge im zurückliegenden Jahrhundert annähernd verdoppelt worden ist und auch in Zukunft verbessert werden wird.

Die biologisch *mögliche* Erwerbsquote, die übrigens auch durch die *Frühinvalidität* beeinflußt wird, steckt den äußersten Rahmen für das Arbeitspotential ab, das diesen Rahmen aus einer Vielzahl von Gründen faktisch nie auszufüllen vermag. Ein mehr oder weniger großer Teil der Bevölkerung ist zwar bereit und fähig, am Erwerbsleben teilzunehmen, aber nicht *verfügbar:* Umfang und Dauer der Wehrdienstpflicht, Umfang und Dauer der Schulpflicht für arbeitsfähige Jugendliche, Anzahl und Beschäftigung der

Häftlinge sowie durch zwingende Maßnahmen anderer Art aus dem Arbeitspotential ausgegliederte Personen, Umfang der Gastarbeitertätigkeit von Inländern im Ausland, inländische Grenzgänger u.s.w. sind hier zu erwähnen.

Das so eingeschränkte Arbeitspotential wird nun noch weiter durch *individuelle Entscheidungen* der Wirtschaftssubjekte verringert, in deren Gefolge oder durch die direkt ein Teil der erwerbsfähigen Bevölkerung auf Zeit oder dauernd aus dem Erwerbsprozeß ausscheidet. In welchem Umfang das Arbeitspotential hierdurch reduziert wird, hängt nicht nur von der Bevölkerungsstruktur, sondern auch von einer Reihe anderer Faktoren ab. Sowohl die *Altersgliederung* als auch die *Geschlechtsgliederung* der Bevölkerung verdienen in diesem Zusammenhang neben der Heiratsfähigkeit, Geburtenhäufigkeit sowie dem Heiratsalter der Frauen besondere Erwähnung. Der Großteil der Frauen scheidet mit der Verheiratung aus dem Erwerbsprozeß für dauernd oder doch für relativ lange Fristen aus. Alle Faktoren also, die die Frauen veranlassen können, während ihrer Ehe (oder nach ihrer Beendigung) zeitweise oder auf Dauer weiterzuarbeiten oder wieder zu arbeiten, wie die Möglichkeit zur Teilbeschäftigung, hohes Lohnniveau für Frauenarbeit, gut ausgebautes Sozialversicherungssystem für verheiratete und verwitwete Frauen u. a. m. können der Verringerung des Arbeitspotentials entgegenwirken.

Geschlechterproportion und Altersgliederung der Bevölkerung spielen auch im Zusammenwirken mit dem *Bildungssystem für die freiwillige Weiterbildung* bzw. *Ausbildung*, der sich die erwerbsfähige Bevölkerung unterzieht, ihre nicht zu übersehende Rolle. Während dieser weiterführenden Bildung fallen potentiell Erwerbstätige zeitweilig für eine Erwerbstätigkeit weitgehend aus, was notwendigerweise das Arbeitspotential aus einer gegebenen Bevölkerung reduzieren muß, wenngleich in *qualitativer* Hinsicht das Leistungspotential vergrößert wird. Änderungen des Bildungssystems, der Ausbildungsdauer, Einschulungsalter, fiskalische und sonstige ökonomische Anreize bzw. Erschwernisse für die freiwillige Weiterbildung können mit ihren positiven bzw. negativen Auswirkungen auf die Größe des Arbeitsvolumens in die Grundlagenpolitik einbezogen werden.

Erwähnen wir schließlich noch die *geographische* und *interberufliche Mobilität* der Erwerbsfähigen, einschließlich der *Auswanderung* sowie der Erwerbstätigkeit *außerhalb* der Grenzen einer Volkswirtschaft (Gastarbeit im Ausland, inländische Grenzgänger), dann sind die maßgeblichen Faktoren für die *Größe* des Arbeitspotentials beisammen; selbstverständlich sind für die Ermittlung des *Nettoeffekts* Einwanderung, Gastarbeiter des Auslandes und ausländische Grenzgänger zu berücksichtigen. Daß diese Einflußfaktoren wirtschaftspolitisch mit dem Ziel der Einwirkung auf das Volumen des Arbeitspotentials (und zwecks Erleichterung des Strukturwandels der Erwerbstätigkeit) durch eine Vielzahl von Instrumenten genutzt werden können, sei mit dem Hinweis auf Verkehrserschließung, Motorisierungsgrad, Umschulungsbeihilfen, gesetzliche Vorschriften und ökonomische Anreize bzw. Erschwernisse für Ein- und Auswanderung, Gastarbeit usw. angedeutet.

Wir können uns damit dem zweiten Aspekt, nämlich der *Qualität* des Arbeitspotentials zuwenden, der neben der *Arbeitsintensität* und der *Beschäftigungszeit* der Erwerbstätigen eine bedeutsame Rolle für die Frage der Umsetzung eines bestimmten Arbeitspotentials in ein Maximum an *tatsächlicher* Leistung aus dem Faktor Arbeit spielt. Wir wiesen bereits weiter oben darauf hin, daß in hochentwickelten Volkswirtschaften die qualitative Verbesserung des Arbeitspotentials ein entscheidender Ansatzpunkt für die Wachstumspolitik ist. Darüber hinaus weist die an der Steigerung der *Leistungsfähigkeit* bzw. des *Leistungsvermögens* der erwerbsfähigen Bevölkerung orientierte Wachstumspolitik enge Verbindungslinien zur Kapitalbildung, zum technischen und organisatorischen Fortschritt sowie zur Bildungspolitik auf; auf die Zusammenhänge zwischen Gesundheitspolitik und qualitativer Verbesserung des Arbeitspotentials sei nur kurz hingewiesen, da in hochentwickelten Volkswirtschaften wegen des relativ guten Gesundheits- und Ernährungszustandes der Bevölkerung die Aussichten für eine weitere Verbesserung der *physischen* Leistungsfähigkeit als sehr bescheiden beurteilt werden müssen. Um so bedeutsamer sind die Verbindungslinien zur Kapitalbildung und zum technischen Fortschritt; zur Kapitalbildung deshalb, weil die Verbesserung des beruflichen und allgemeinen Wissensstandes des Arbeitspotentials nur durch umfangreiche *Investitionen* in den Faktor Arbeit (human capital) möglich ist. Durch diese Investitionen wird also eine spezifische, *immaterielle* Form des Realkapitals gebildet und vermehrt, nämlich das Wissen, die Fähigkeiten und Fertigkeiten der Bevölkerung in ihrer Rolle als Produktionsfaktor, selbstverständlich neben und zusammen mit dem *materiellen Kapital* in der Form von *Bildungs- und Ausbildungseinrichtungen.* Da die Bevölkerung von der Verbesserung ihrer Bildung und Ausbildung auch in ihrer Rolle als Verbraucher Gebrauch macht, muß ein nur sehr schwer abzutrennender Teil der Bildungs- und Ausbildungsaufwendungen als Investition für *konsumtive* Zwecke, d. h. zur Bildung von *privatem Konsumkapital,* gelten.

Der verbleibende *immaterielle* Teil des Bildungskapitals geht eine unauflösbare Verbindung mit dem Faktor Arbeit ein, ohne dessen Existenz die Bildung dieser Variante des Realkapitals überhaupt nicht möglich wäre, und selbstverständlich werden im Zuge dieses Kapitalbildungsprozesses die von der Bevölkerung in den Produktionsprozeß eingegebenen Leistungen in ständig zunehmendem Maße eine Mischung aus Kapitalleistungen und (originären) Faktorleistungen der Arbeit. Diejenigen Leser, denen die Anwendung des Kapitalbegriffs auf die qualitative Verbesserung des Arbeitspotentials Schwierigkeiten bereitet, können sich das Verständnis der Grundsatzproblematik mit Hilfe der Analogie des *Bodenkapitals* (Investitionen zur qualitativen Verbesserung des Bodens) erleichtern.

Die Verknüpfung mit dem technischen Fortschritt ergibt sich daraus, daß Fortschritte in Wissenschaft und Technik sowie insbesondere ihre Übersetzung in die Praxis auf breiter Front und ohne vermeidbare zeitliche Verzögerung nur bei entsprechendem Ausbildungsniveau bzw. seiner ständigen Verbesserung zu realisieren sind. Auch insoweit zeigt also der Wachstumsprozeß ein wichtiges Komplementaritätsverhältnis: im Gleichschritt mit der Rate des technischen Fortschritts in der Form von Neuerungen (neue Produkte, neue Produktionsprozesse, neuartige Maschinen, Apparaturen, Ausrüstungen usw.) müssen die Fähigkeiten des Arbeitspotentials erweitert und verbessert werden, damit die aus den Neuerungen resultierenden Möglichkeiten der Produktivitätssteigerung auch möglichst voll genutzt werden können.

In welchem Umfang die Verbesserung der Bildung und Ausbildung der Bevölkerung in der Vergangenheit zum wirtschaftlichen Wachstum quantitativ beigetragen hat, ist gegenwärtig noch nicht exakt zu berechnen; immerhin liegen fundierte Schätzungen von *Bildungsökonomen* und Vertretern verwandter Disziplinen vor, nach denen in hochentwickelten Volkswirtschaften dieser Anteil auf mindestens 20 % im langfristigen Durchschnitt zu veranschlagen ist. Angesichts dieser Größenordnung kann deshalb auch nicht ernsthaft in Zweifel gezogen werden, daß die Ausbildung ein beachtlicher Wachstumsfaktor ist, selbst wenn wir exakte Berechnungen nicht anstellen können.

Zu Recht ist deshalb in der modernen Wachstumsdiskussion die Bildungspolitik in ständig wachsendem Umfang als wichtiges Teilgebiet in die Wachstumspolitik einbezogen worden, während sie in früheren Zeiten ganz überwiegend oder ausschließlich mit *kulturpolitischer* Zielsetzung betrieben wurde, obwohl sie auch bei dieser Zielsetzung Wachstumseffekte zeitigte. Die Akzentverlagerung hinsichtlich der Zielsetzung hat erhebliche Konsequenzen für die Bildungspolitik und zwar nicht nur bezüglich des *Volumens* der (privaten und gesellschaftlichen) Bildungsaufwendungen, sondern auch bezüglich des *Bildungssystems* und seiner stärkeren Ausrichtung auf die Belange der Wirtschaft und ihres Wachstums. Damit soll keineswegs der einseitig extremen Überbetonung der naturwissenschaftlichen und technischen Bildung nach sowjetrussischem Muster das Wort geredet werden; daß jedoch mit dem Wandel in der Zielsetzung auch ein Wandel der Bildungsideale und der Bildungsinhalte einhergehen muß, erscheint unumgänglich.

Was speziell das *Volumen* der Bildungsaufwendungen angeht, die in hochentwickelten Volkswirtschaften zu einem Großteil durch die öffentliche Hand und zu einem erheblichen Teil durch die private Wirtschaft für *wirtschaftseigene* Forschung und Entwicklung getätigt werden, so stellt sich die sehr wichtige Frage nach seinem Optimum. Die Investitionen zwecks qualitativer Verbesserung des Arbeitspotentials konkurrieren nämlich nicht nur mit *Sachinvestitionen im Produktionsmittelbereich*, sondern auch mit *Sachinvestitionen in die ökonomische Infrastruktur* und außerdem mit Investitionen in das *materielle Konsumkapital* (tangibel); selbst wenn wir mit Bezug auf die Wachstumsproblematik die Kapitalakkumulation für konsumtive Zwecke unberücksichtigt lassen, bleibt immer noch das schwierige Problem, welche *Kapitalbildungsrate* für die drei verbleibenden Verwendungsarten hinsichtlich des Wachstums als optimal zu bezeichnen ist und in welchem Verhältnis der Realkapitalzuwachs auf die konkurrierenden Verwendungsarten aufgeteilt werden muß. Die Einsicht und Erfahrung, daß das Wachstum eine gewisse Komplementarität der Entwicklung verlangt und deshalb die drei Verwendungsarten nicht als sich gegenseitig ausschließende Alternativen zu betrachten sind, gibt für die Lösung dieses praktisch so wichtigen und komplizierten Problems relativ wenig her. Dankenswerterweise hat sich daher die Wachstumsforschung in Zusammenarbeit mit der Bildungsökonomie im zurückliegenden Jahrzehnt intensiv darum bemüht, praktikable und brauchbare Kriterien für ihre Lösung zu liefern; wenngleich auch die bisher erzielten Erfolge bei diesen Bemühungen noch recht bescheiden sind, so erlauben sie doch nichtsdestoweniger bereits eine Einengung des Unbestimmtheitsbereiches für das Volumen der Bildungsaufwendungen. Nach diesen Untersuchungen, die sich vorzugsweise auf zeitliche und internationale Vergleiche stützen, kann mit einiger Sicherheit davon ausgegangen werden, daß unter Berücksichtigung der gegenwärtigen strukturellen Gegebenheiten in den hochentwickelten Ländern der Mindestbetrag für Ausbildungsaufwendungen bei ca. 3 % des Volkseinkommens liegt und der Höchstbetrag wahrscheinlich nicht die 10 %-Grenze erreicht. Verständlicherweise ist der *Wachstumseffekt* eines bestimmten Volumens an Ausbildungsinvestitionen wiederum von einer Vielzahl von Bedingungen abhängig, darunter auch von ihrer *Aufteilung auf die Schularten* (Volksschulen, höhere Schulen und Fachschulen, Berufsschulen, Universitäten usw.) und von dem *Ausmaß* ihrer „Sterilisation" im Produktionsprozeß: da das immaterielle Ausbildungskapital in den Faktor Arbeit inkorporiert wird, ist ein zeitliches Nachholen unterbliebener *Nutzungen* dieses Kapitals ebenso unmöglich wie im Falle der Arbeit selbst. Zeitlich unterbliebene Nutzung des Ausbildungskapitals ist also ein *endgültiger Wachstumsverlust* in Abweichung von den Verhältnissen beim Sachkapital, dessen Nutzung zumindest innerhalb bestimmter Grenzen zeitlich verschoben bzw. nachgeholt werden kann.

Der Zwang zu äußerster Konzentration der Darstellung verbietet es uns, auf die übrigen Bedingungen, wie beispielsweise Anteil der Schüler pro Geburtsjahr in der höheren Schul-, Fachschul- und Universitätsausbildung, ihre Verteilung auf die Geschlechter, ihre Verteilung auf die großen soziologischen Gruppen, Abgangsquoten vor Erreichen des jeweiligen Ausbildungszieles usw., einzugehen. Es ist deshalb auch ohne weiteres einsichtig, daß die an der *qualitativen* Entwicklung des Arbeitspotentials orientierte Wachstumspolitik bei diesen Bedingungen mit einer Vielzahl von geeigneten Maßnahmen bzw. Kombinationen von Instrumentvariablen ansetzen kann. Daß die Träger der Wirtschaftspolitik in der Gegenwart zunehmende Bereitschaft zeigen, nicht zuletzt auch bei uns in der Bundesrepublik, von den sich anbietenden Möglichkeiten Gebrauch zu machen, ist in nicht geringem Umfang auf die Aktualisierung der Bildungspolitik zurückzuführen, die diese durch die Wachstumspolitik erfahren hat.

Aus dem angeführten Grunde müssen wir uns auch hinsichtlich der noch verbliebenen Faktoren, die das Leistungspotential des Faktors Arbeit beeinflussen, auf einige kurze Bemerkungen beschränken. Wenden wir uns zuerst der *Beschäftigungszeit* pro Periode (Tag, Woche, Jahr) zu, so wird das Maximum des Leistungspotentials aus einem gegebenen Arbeitsvolumen (Anzahl der Erwerbstätigen) durch den biologisch bedingten Freizeitbedarf bestimmt. Durch gesetzliche Bestimmungen und tarifliche Vereinbarungen wird diese maximale zeitliche Verfügbarkeit des Arbeitsvolumens weiter eingeschränkt, so beispielsweise in der Bundesrepublik unter Berücksichtigung der gegenwärtig gültigen gesetzlichen und tariflichen Bestimmungen auf rd. 240 Arbeitstage pro Jahr und 42 Wochenstunden bei fünf Arbeitstagen pro Woche für die große Masse der unselbständig Beschäftigten. Multiplizieren wir ihre Anzahl mit den aus diesen Angaben resultierenden Jahresarbeitsstunden, so erhalten wir eine erste Orientierungsgröße für das gesamtwirtschaftliche Volumen der Arbeitsstunden dieser Gruppe. Die tatsächlich geleistete Anzahl der durchschnittlichen Jahresarbeitsstunden dieser Gruppe, die die Orientierungsgröße über- oder unterschreiten kann, hängt von einer Vielzahl von Bedingungen ab; insbesondere von dem Umfang der Teilzeitbeschäftigung (weibliche Arbeitskräfte!), Abwesenheit infolge Krankheit, witterungsbedingter Beschäftigungsausfall (Bauwirtschaft), Beschäftigungsausfall im Tarifstreit (Streiks und Aussperrungen), Ausmaß der Überstundentätigkeit, Umfang der Sonntags- und Feiertagsbeschäftigung u. a. m. Addieren wir zu den effektiven Jahresarbeitsstunden dieser Gruppe die der Selbständigen hinzu, dann erhalten wir das jährliche Volumen der geleisteten Arbeitsstunden insgesamt.

Die tatsächliche Entwicklung im Zuge des langfristigen Wachstums der hochentwickelten Volkswirtschaften ist nun dadurch gekennzeichnet, daß die Anzahl der durchschnittlichen Jahresarbeitsstunden der Unselbständigen laufend gesunken ist und höchstwahrscheinlich auch in der Zukunft sich weiter verringern wird.

Als einer der Hauptgründe für diese Entwicklung muß die starke und ständige Einkommenssteigerung gelten, die die unselbständig Beschäftigten wegen des bereits erreichten Einkommensniveaus mehr und mehr veranlaßt, auf einen Teil der möglichen weiteren Einkommenssteigerung zugunsten einer Ausdehnung ihrer Freizeit zu verzichten. Gegenüber diesem überaus wirksamen Motiv können die wirtschaftspolitischen Bemühungen mit dem Ziel, den Trend aufzuhalten oder zu retardieren, nur bescheidene Erfolge zeitigen; so etwa in der Bundesrepublik, wo nach dem 1. Gutachten des Sachverständigenrates die Abnahme der je Erwerbstätigen geleisteten Stunden (inkl. Veränderung der Zahl der Arbeitstage), gemessen als Veränderung gegenüber dem Vorjahr, für den 5-Jahresabschnitt 1960 bis 1964 rd. 0,9 % im Durchschnitt betrug und damit vergleichsweise stark war. Auf die wichtigsten wirtschaftspolitischen Korrektiven, die sich aus der Höhe der Überstundenzuschläge, den Zuschlägen für Sonntags- und Feiertagsarbeit einschließlich ihrer steuerlichen Behandlung, der Krankenversicherungsregelung und der Lohnfortzahlung im Krankheitsfalle, der steuerlichen und fiskalischen Begünstigung des Winterbaues, der Festlegung von zeitlichen Beschäftigungshöchstgrenzen für die Lohnsteuerbefreiung bei Teilbeschäftigung sowie ihre Befreiung von der Sozialversicherungspflicht usw. ergeben, sei deshalb auch nur hingewiesen.

Kommen wir damit zur *Leistungsintensität,* die zusammen mit den übrigen Faktoren über die faktische Ausnutzung des Leistungspotentials der Arbeit entscheidet und damit darüber, welches Leistungsniveau praktisch erreicht wird. *Leistungsbereitschaft*, *Leistungswilligkeit* und *Leistungsvermögen* sind die maßgeblichen Komponenten, von denen die Leistungsintensität ihrerseits wiederum abhängt. In diesem Zusamenhang ist auf die große Bedeutung der Grundeinstellung der Bevölkerung zum Erwerb (aquisitive Gesellschaft, Wirtschaftsgesinnung!) hinzuweisen, die durch das soziale Milieu und Klima, Religion, Ideologien, Staats- und Gesellschaftsauffassungen usw. geprägt wird im Sinne von *Verhaltensmustern* mit starkem Beharrungsvermögen, die sich deshalb auch nur sehr begrenzt und allmählich durch Instrumente der *Motiv- und Verhaltensbeeinflussung* gezielt ändern lassen. Ist das Erwerbsmotiv hinreichend stark ausgeprägt, wie das für die Wirtschaftsgesellschaften in hochentwickelten Volkswirtschaften unterstellt werden kann, dann fällt der *Einkommensdifferenzierung* in strenger Abhängigkeit von der jeweiligen Leistungsintensität die maßgebliche instrumentale Rolle zu, um ein Höchstmaß an effektiver Leistung von den Erwerbstätigen zu erhalten. Im Hinblick auf die unselbständig Beschäftigten sind es einsichtigerweise diejenigen *Lohnbemessungsformen* (und die daraus resultierenden Einkommensdifferenzen), die das *Leistungsergebnis* zum Kriterium der Lohnhöhe machen wie Akkordlohn, Leistungszuschläge und -prämien u. a. m., und denen deshalb höchste Zieladäquanz zufällt. Aber auch die *Arbeitsmarktlage* (Gefahr des Arbeitsplatzverlustes) spielt ihre nicht zu übersehende Rolle in diesem Zusammenhang, ebenso übrigens wie die Verbreitung bestimmter Fertigungsverfahren (Taktverfahren, Fließbandfertigung u. ä. m.), die eine bestimmte Arbeitsintensität innerhalb mehr oder weniger enger Grenzen erzwingen. Innerbetriebliche Maßnahmen zur Leistungskontrolle und Leistungssteigerung können ersatzweise oder unterstützend eingesetzt werden.

Wir können uns damit der Rolle und Bedeutung des *Bodens* im Wachstumsprozeß und seiner wachstumspolitischen Problematik zuwenden, wobei wir in Übereinstimmung mit der wirtschaftswissenschaftlichen Terminologie unter dem Begriff selbst Stoffe, Kräfte und Gegebenheiten der Natur verstehen, die innerhalb des Areals einer Volkswirtschaft für konsumtive oder produktive Zwecke genutzt werden können. In der angelsächsischen Literatur wird deshalb auch zutreffend die Bezeichnung *Natur* verwendet.

Daß die natürlichen Umweltbedingungen die Entwicklung und das Wachstum einer Volkswirtschaft nachhaltig beeinflussen, mag durch die beispielhaften Hinweise auf geographische Lage (Klima, Lage zum Meer), Oberflächengestaltung, Wasservorkommen, Ausstattung mit erschöpfbaren und unerschöpfbaren Bodenschätzen, mit schiffbaren Binnengewässern sowie mit natürlichen Energiequellen verdeutlicht werden. Wachstum bedeutet ja, wie bereits dargelegt, daß der aus der Produktion fließende Strom an Gütern und Leistungen zunimmt; da der volkswirtschaftliche Produktionsprozeß ständig auf der Stufe der Urproduktion durch den Strom der Bodensubstanzen und Bodenleistungen gespeist werden muß, verlangt das Wachstum auch eine ständige Verbreiterung dieses Stromes von Bodensubstanzen und -leistungen. Wachstum impliziert also, daß das in den Naturgrundlagen liegende Produktionspotential entweder *intensiver* ausgeschöpft bzw. *besser* genutzt oder quantitativ bzw. qualitativ verbessert wird, soweit infolge des technischen Fortschrittes nicht Bodensubstanzen und -leistungen eingespart oder durch vermehrten Einsatz von Kapital und Arbeit oder in anderer Weise substituiert werden können.

Damit sind auch bereits die maßgeblichen Verfahren und Möglichkeiten der wachstumsorientierten *Bodenpolitik* angedeutet, denen wir uns mit der gebotenen Kürze im einzelnen zuwenden wollen, indem wir mit der *quantitativen* Verbesserung des Bodenpotentials beginnen. In diesem Zusammenhang ist vorab festzustellen, daß das *Volumen* des Reservoirs „Natur“, aus dem wir laufend Nutzungen und Substanzen für produktive und konsumtive Zwecke entnehmen, nur in wenigen Fällen als gegeben und nicht vermehrbar angesehen werden muß. Einer der wichtigsten ist dabei sicherlich der Boden in seiner Eigenschaft als *Areal* oder Fläche, wenn wir von den geringfügigen Vergrößerungsmöglichkeiten durch Eindeichung absehen und das Areal nicht als ökonomisch *verfügbare* oder *nutzbare* Fläche verstehen. Der Hinweis auf die teilweise riesigen Urwald- und Sumpfgebiete, die durch Verkehrserschließung bzw. Trockenlegung durchaus ökonomisch nutzbar — und wenn auch nur in der Form von Erholungs- und Jagdgebieten — gemacht werden können, erheischt diese letzterwähnte Einschränkung. Bis zur Entwicklung leistungsfähiger und kostengünstiger Verfahren zwecks Gewinnung von Süßwasser durch Entsalzung von Meerwasser in der Gegenwart galt im Hinblick auf das Nutzwasservorkommen im Prinzip das gleiche wie für das Bodenareal; die jeweils aus dem natürlichen Wasserkreislauf resultierende Menge konnte nicht vergrößert werden, wenngleich auch das ökonomisch verfügbare und nutzbare Volumen durch die Erschließung von Grundwasser- und Oberflächenwasserreservoirs sehr wohl ausgedehnt werden konnte.

Das Volumen der meisten erschöpfbaren und nichterschöpfbaren Bodensubstanzen, Bodenleistungen und Naturkräfte ist jedoch, wenn auch in unterschiedlichem Ausmaß, erweiterungsfähig. Bereits entdeckte unter- oder überirdische Lagervorkommen können erschlossen werden, durch Anlage von Staudämmen oder Verkehrserschließung können zusätzliche Wasserkräfte für die Gewinnung von Energie erschlossen werden, durch Flußregulierung und Bau von Kanälen können die Transportwege für die Schiffahrt vergrößert werden bei gleichzeitiger Energiegewinnung an den Staustufen usw. Im Zuge der Verbesserung der Prospektierungsmethoden bzw. durch Intensivierung der Prospektierung können darüber hinaus zusätzliche Lagervorräte an ökonomisch knappen Bodensubstanzen nachgewiesen werden. Und schließlich werden durch den technischen

Fortschritt, was insbesondere für die Neuzeit charakteristisch erscheint, Bodensubstanzen (und sonstige Naturstoffe) als *neue* Werk- und Rohstoffe oder Energiestoffe der ökonomischen Nutzung erschlossen, die vorher ökonomisch wertlos waren: in diese Kategorie fallen die Kohle ebenso wie das Erdöl, das Erdgas und das Ausgangsmaterial für die Atomenergie, das Bauxit für die Aluminiumgewinnung ebenso die Luft der Atmosphäre für die Sauer- und Stickstoffgewinnung, die Bodensubstanzen für die Erzeugung künstlicher Düngemittel ebenso wie für die Gewinnung von Zement. Die wenigen Beispiele machen deutlich, daß dem technischen Fortschritt bei der quantitativen Verbesserung des Naturgrundlagenpotentials maßgebliches Gewicht zukommt.

Technischer Fortschritt und Verbesserung der Produktionstechnik sind auch der maßgebliche Faktor bei der *qualitativen* Verbesserung des Bodenpotentials. Der Unterschied zu dem vorbehandelten Fall liegt im wesentlichen darin, daß ökonomisch bereits genutzte Stoffe und Kräfte ökonomisch überlegeneren Nutzungen zugeführt werden können: die Stoffe und Kräfte erfahren eine mehr oder weniger abrupte qualitative Aufstufung. Eines der bekanntesten und anschaulichsten Beispiele ist der lehmartige Lößboden, dessen Fruchtbarkeit erst durch die Mechanisierung der Bodenbearbeitungstechnik in der Landwirtschaft genutzt werden konnte. Bodenmeliorationen durch Ent- und Bewässerung und andere Maßnahmen sind ein weiteres Beispiel aus der Landwirtschaft. Aus dem Bereich der Grundstoffindustrien mag das Beispiel der Kohle erwähnt werden, die infolge der Fortschritte auf dem Gebiet der Kohle- und Petrochemie höherwertigen Verwendungen zugeführt werden konnte. Die technische Entwicklung der Zellulose-Chemie machte es möglich, das Holz aus der ursprünglichen Verwendung als Energie- und Konstruktionsmaterial in höherwertige Verwendungen zu überführen.

Die Aufzählung könnte beliebig verlängert werden,

doch wollen wir aus Raumgründen zu den anderen Varianten der besseren Nutzung des Bodenpotentials übergehen: der *intensiveren* Nutzung, der *Mehrfachnutzung* und der *Vermeidung* von Nutzungsverlusten. Mit intensiverer Nutzung bezeichnen wir dabei die Situation, daß ein gegebenes Volumen einer natürlichen Substanz oder Kraft stärker genutzt wird, wofür uns die Steigerung der Hektarerträge in der Landwirtschaft, die stärkere Nutzung der Wasserkräfte bei der Erzeugung von Elektroenergie in modernen Wasserkraftwerken durch starke Ausdehnung der Fallhöhen des Generatorspeisewassers, die erheblich gestiegene Energieausbeute des Energieträgers Kohle in Wärmekraftwerken usw. illustrative Beispiele liefern können. Mehrfachnutzung liegt dagegen vor, wenn eine Substanz oder Kraft gleichzeitig mehrfach genutzt wird: der Wald als Holzlieferant, Jagd- und Erholungsgebiet und Klimaregler, Flüsse als Schiffahrtswege, Fischereigründe und Lieferanten von Wasserkraft; Naturweiden als Futterlieferanten und Erosionsschutz; Kohle als Energiestoff und Lieferant von Verkokungsprodukten oder Ausgangsprodukten für die Benzinsynthese usw. Die Vermeidung von Nutzungsverlusten betrifft sowohl die Minder- oder Schlechtnutzung bei der Ausbeutung bestimmter Substanzen und Kräfte, wie auch die Beeinträchtigung der Nutzung anderer Ressourcen durch die Ausbeutung dieser Substanzen und Kräfte. Raubbau im Über- und Untertagebau, Raubbau in der Forst- und Landwirtschaft, Förderverluste bei der Rohölgewinnung infolge von Konkurrenzbohrungen in das gleiche Reservoir mögen zur Demonstration für den erstgenannten Fall dienen; die Luft- und Wasserverschmutzung beim Abbau und der Verarbeitung von Mineralien, Bodenerzeugnissen und der Energieerzeugung, Senkung der Bodenfruchtbarkeit infolge zu starker Grundwasserausbeutung, Beeinträchtigung des Wasserhaushaltes mit der Folge von Erosionsschäden für das Ackerland beim Abholzen von Wäldern und anderes mehr sind Beispiele für den letztgenannten Fall. In der Regel handelt es sich bei diesen negativen Auswirkungen auf andere Ressourcen um soziale Verluste oder Kosten (social costs), die nicht in die privatwirtschaftlichen Kalkulationen der verursachenden Wirtschaftssubjekte eingehen und deshalb nur durch entsprechende wirtschaftspolitische Maßnahmen verhindert werden können.

Die bisher besprochene Gruppe von Maßnahmen zielte darauf ab, aus einem gegebenen oder wachsenden Leistungspotential der Naturgrundlagen einen *wachsenden* Strom von Sach- oder Dienstleistungen zu entnehmen, um auf diese Weise das Wachstum des Sozialproduktes zu ermöglichen. Soweit es dabei um spezifische Ressourcen geht, die nicht durch Prospektierung, Entwicklung und Aufschließung vermehrt werden können und die außerdem *erschöpfbar* sind, läuft die verstärkte Entnahme auf eine frühzeitigere Erschöpfung der Hilfsquellen hinaus. Unter gesamtwirtschaftlichen Gesichtspunkten liegt also der Fall des Tausches von zukünftiger gegen vermehrte Nutzung in der Gegenwart vor, der mit Rücksicht auf die zugrundezulegende Zeitpräferenz komplizierte Bewertungsprobleme aufwirft. Kann das Reservoir dagegen quantitativ oder qualitativ vergrößert werden, dann verlagert sich der Vergleich auf die Ebene des Tausches zwischen zusätzlichen Gegenwartskosten gegen zukünftigen Zusatznutzen; unter Berücksichtigung des Umstandes, daß der gegenwärtige Realkostenaufwand in bezug auf die zusätzlich aufzuwendenden Produktionsfaktoren gegenwärtigen Nutzenentgang in anderen möglichen Verwendungen für diese Produktionsfaktoren bedeutet, liegt auch hier wiederum ein Tausch von Zukunfts- gegen Gegenwartsnutzen vor, wobei allerdings die Quantifizierbarkeit der Kosten das Bewertungsproblem erleichtert.

Diese Bewertung, die im wirtschaftspolitischen Entscheidungsprozeß eine bedeutsame Rolle spielt, ist mit einer Reihe von Unsicherheitsfaktoren belastet, von denen im gegenwärtigen Zusammenhang der technische Fortschritt und die *Substitutionsmöglichkeiten* von besonderer Wichtigkeit sind. Der technische Fortschritt gestattet die Erstellung eines wachsenden Sozialproduktes mit gleichbleibendem Aufwand an Produktionsfaktoren und damit die Einsparung von Produktionsfaktoren. Betrifft diese Einsparung auch den Faktor Natur, dann wird die Nutzungs*dauer* im Falle einer erschöpfbaren Hilfsquelle bei gleicher Nutzungsrate verlängert bzw. bei vergrößerter Nutzungsrate die gleiche bleiben. Die Wirtschaftsgeschichte der Neuzeit bietet eine Fülle von Beispielen auch für diese Variante des technischen Fortschrittes; die Energieausbeute der Kohle, des Erdgases und des Erdöls konnte wegen der Fortschritte auf dem Gebiet der Verbrennungstechnik ständig verbessert werden; der spezifische Verbrauch von Stahl als Konstruktionsmaterial konnte wegen der Fortschritte auf dem Gebiet der Metallurgie und der Konstruktionstechnik erheblich gesenkt werden. Fortschritte in der Gewinnungs- oder Verhüttungstechnik führten zu einer steigenden Metallausbeute bei den Erzen usw. Auch in der Zukunft werden immer wieder technische Neuerungen mit diesen oder ähnlichen Auswirkungen zu erwarten sein, ohne daß wir im Augenblick über Richtung und Stärke, Zeitpunkt usw. Gewißheit haben können, wenn wir von wenigen Ausnahmen absehen.

Der technische Fortschritt, der sich u. a. in der Form neuer Produkte (Produktinnovation), neuer Produktionsverfahren (Prozeßinnovation) und neuer Faktoreinsätze (Faktorinnovation) realisiert, ist außerdem in der Regel mit *Substitutionsprozessen* verbunden. Im Hinblick auf die uns hier interessierende Problematik sind nur diejenigen Substitutionsprozesse von Bedeutung, durch die Substanzen und Kräfte aus erschöpfbaren Naturressourcen gegen solche aus nicht-erschöpfbaren Quellen der Natur ausgetauscht werden bzw. durch Arbeitsleistungen oder Kapitalleistungen, die keine Naturressourcen beanspruchen, ersetzt werden. Solche Substitutionsprozesse sind in der neueren Wirtschaftsgeschichte mit großem Erfolg auf vielen Gebieten vorgenommen worden, so daß wir uns auf die beispielhafte Erwähnung einiger der wichtigsten beschränken müssen: Wasserkraftwerke ersetzen thermische Kraftwerke, die aus der Luft der Atmosphäre gewonnenen Substanzen ersetzen Bodensubstanzen, entsalztes Meerwasser tritt an die Stelle von begrenzten Süßwasservorräten, natürliche Fasern werden in großem Umfang durch synthetische Fasern ersetzt, Stahl wird durch Aluminium und seine Legierungen abgelöst, keramische Werkstoffe werden anstelle von knappen Metallen verwendet, in der Energieerzeugung treten die spaltbaren Stoffe an die Stelle der Ausgangsstoffe für die thermische Energieerzeugung, tierische Energie wird im Zuge der Motorisierung und Mechanisierung durch andere Energieträger abgelöst usw.

Der technische Fortschritt wird auch in der Zukunft eine Vielzahl von neuen Alternativen schaffen, ohne daß wir im Augenblick Sicheres über die konkreten Substitutionsmöglichkeiten aussagen können: in einigen Fällen lassen sich nur die Richtung der technischen Entwicklung und die daraus resultierenden möglichen Substitutionsbereiche angeben, in wenigen Ausnahmefällen liegt die Entwicklung sogar im Wahrscheinlichkeitsbereich. So sind beispielsweise die Physiker zuversichtlich, daß in absehbarer Zeit die kontrollierte Kernfusion gelingen wird, womit die Menschheit schlagartig aller Sorgen in bezug auf die Erschöpfbarkeit der Kohle-, Erdgas- und Erdölvorräte ledig wäre. Der Unsicherheitsbereich, mit dem die Grundlagenpolitik wegen der aus dem technischen Fortschritt resultierenden zukünftigen Substitionsmöglichkeiten belastet ist, ist also in diesem und in ähnlich gelagerten Fällen erheblich eingeschränkt, während für die übrigen Fälle das weiter oben Ausgeführte gilt.

Grundsätzlich anders dagegen ist die Situation hinsichtlich derjenigen Substitutionsmöglichkeiten zu beurteilen, die bereits durch den jeweiligen Stand des technischen Wissens gegeben sind, aus Kostengründen aber noch nicht realisiert wurden. In dem Maße, in dem die Kosten für die bisher benutzten Substanzen und Kräfte der Natur infolge zunehmender Verknappung oder des Zwanges zum Übergang auf schlechtere Qualitäten steigen, wird die Kostendifferenz zu den Substitutionsalternativen abgebaut, bis schließlich Kostengleichheit erzielt und damit der Weg für die Realisierung der Substitution frei wird. Wenngleich auch der Wettbewerbsprozeß in diesem Falle „automatisch" der Substitution zum Durchbruch verhelfen wird und insoweit keine gezielten wirtschaftspolitischen Maßnahmen vonnöten sind, so hat doch gleichwohl die wachstumsorientierte Grundlagenpolitik dafür Sorge zu tragen, daß dieser Substitutionswettbewerb nicht durch „künstliche" Kosten- und Erlösvorteile verzerrt wird und außerdem neben den „privaten" Kosten und Erträgen die sozialen Kosten und Erträge beim Kosten- und Ertragsvergleich berücksichtigt werden.

Eine weitere und sehr wichtige Substitutionsmöglichkeit aus dem Blickwinkel einer einzelnen Volkwirtschaft eröffnet sich schließlich aus dem *Import* von Bodensubstanzen, Bodenerzeugnisen und Naturkräften. Mit Rücksicht auf die geographisch stark differierende Verteilung vieler Ressourcen ist diese Substitution über den Außenhandel von besonderer Gewichtigkeit für die ungünstiger ausgestatteten Volkswirtschaften. Bedeutsam ist weiterhin, daß auch die *standortgebundenen* Ressourcen, die also nur am Orte ihres Vorkommens produktiv oder konsumtiv genutzt werden können, durch den Import von Gütern und Leistungen (und Export) auf diese Weise substituiert werden können. Das anschaulichste Beispiel ist für diesen Bereich die Agrarproduktion: da die Bodenleistungen in der pflanzlichen Produktion standortgebunden sind, können sie zwar nicht selbst, aber die agrarischen Bodenprodukte im Verhältnis von Volkswirtschaft zu Volkswirtschaft geographisch substituiert werden. *Indirekt* wird dadurch der Boden des importierenden Landes als Standort und Faktoreinsatz in der Agrarproduktion gegen den Boden des exportierenden Landes substituiert, da die fehlende geographische Faktormobilität weitgehend durch die Mobilität des faktorbedingten Ausstoßes ersetzt wird. Ein Beispiel für die geographische Substitution von *Naturleistungen* im Verhältnis der Volkswirtschaften zueinander sind schiffbare Flüsse und Gewässer als Verkehrswege, die auf dem Territorium einer fremden Volkswirtschaft liegen (oder exterritorialer Natur sind) und für die verkehrsmäßige Verknüpfung von Wirtschaftsräumen der eigenen Volkswirtschaft genutzt werden (Große Seen in Nordamerika!). Für Luft- und Landverbindungen, die über fremdes Territorium führen, gilt übrigens im Prinzip das gleiche.

Für die Wachstumspolitik ergibt sich aus unseren skizzenhaften Ausführungen, daß auch in hochentwickelten Volkswirtschaften eine zielbewußte Grundlagenpolitik betrieben werden muß, die dem Wachstumstempo, den strukturellen Veränderungen des Sozialproduktes im Wachstum und der Forderung nach Nachhaltigkeit und Gleichgewichtigkeit des Wachstums gerecht wird, wenngleich auch in Volkswirtschaften dieses Typs die Bedeutung des Bodens und der natürlichen Ressourcen, gemessen an dem Anteil der Boden- und Naturleistungen beanspruchenden Güter zurückgegangen ist und im Zuge des Wachstums weiter abnehmen wird. Der technische Fortschritt hat bereits in der Vergangenheit die Kette der Substitute, denen sich der wirtschaftende Mensch im Bereich der Bodengrundlagen gegenübergestellt sieht, sehr stark erweitert und vorhandene Substitutionslücken ausgefüllt; das angebrochene Zeitalter der Molekularchemie wird mit Sicherheit diese Kette noch weiter verlängern und die noch vorhandenen Lücken weiter einengen. Soweit trotzdem Lücken verbleiben, können diese durch interregionalen und/oder internationalen Handel ausgefüllt werden.

Das wirtschaftspolitische Instrumentarium, das für die wachstumsorientierte Bodenpolitik zur Verfügung steht, ist außerordentlich vielgestaltig, was den Planungs- und Entscheidungsprozeß der Wirtschaftspolitik auf diesem Gebiet erschwert. Komplikationen treten außerdem hinsichtlich der sozialen Kosten und Erträge auf, die beträchtlich von den privatwirtschaftlichen Kosten und Erträgen abweichen können u. a. auch dadurch, daß die Nutzung der natürlichen Hilfsquellen nicht selten ein *komplexer* Vorgang ist, so daß durch die Nutzung bestimmter Hilfsquellen (bzw. ihre Nutzung in einer bestimmten Verwendung) die Nutzung anderer Hilfsquellen (oder ihre Nutzung in einer bestimmten Verwendung) verbessert oder verschlechtert wird. Und schließlich ist es die Zeitdimension und damit das ökonomische Interesse zukünftiger Generationen, die es im Zusammenhang mit dem technischen Fortschritt zu berücksichtigen gilt. Der *zeitliche* Planungshorizont der Grundlagenpolitik muß sich deshalb weiter als in jedem anderen Gebiet der Wirtschaftspolitik in die Zukunft erstrecken, was schon allein aus diesem Grunde den Planungsprozeß mit einem starken Unsicherheitsmoment belastet, von allen übrigen Unsicherheitsfaktoren abgesehen.

2.3 Kapital und Kapitalbildung

Wie wir bereits in unserer beschreibenden Darstellung über die wichtigsten Aspekte des Wachstumsprozesses ausführten, fällt der *Verbesserung* und *Vergrößerung* des Kapitalstocks (Kapitalausstattung) der Volkswirtschaft *entscheidendes* Gewicht als Wachstumsfaktor zu. Für hochentwickelte Volkswirtschaften darf man vielleicht sogar die verallgemeinernde These wagen, daß der *quantitative* Beitrag der Kapitalbildung für das Wachstum nur erreicht oder übertroffen wird durch den Beitrag, den die Erweiterung unseres Wissens und damit der *technische Fortschritt* zum Wachstum beisteuert. Beide Kausalfaktoren sind — worauf wir bereits hinwiesen — eng miteinander verknüpft: Wie *Abramovitz* zutreffend bemerkt, kann der Einsatz von Produktionsfaktoren zwecks *Erweiterung* unseres Wissens und seiner *Anwendung* ebenso wie die Erweiterung des tangiblen Kapitalstocks als *Investition* aufgefaßt werden; hinsichtlich der hier interessierenden Problematik folgt aus dieser Feststellung, daß der Großteil der *technischen* Neuerungen auch zu seiner Realisierung Investitionen erfordert, d. h. Kapitalneubildung. In der Regel gehen also die *quantitative Erweiterung* des Kapitalstocks und seine *qualitative Verbesserung* durch technischen Fortschritt miteinander einher, so daß der Investitions- und Kapitalbildungsprozeß sich in dieser Sicht als das Medium darstellt, durch den der technische Fortschritt bei gleichzeitigem Wachstum des Kapitalstocks realisiert wird. Da wir uns in dem folgenden Abschnitt noch ausführlicher mit dem technischen Fortschritt befassen werden, können wir uns an dieser Stelle mit dem Hinweis auf die enge Verbindung von Kapitalbildung und technischem Fortschritt begnügen und unsere Aufmerksamkeit im weiteren auf die *Wachstumseffekte* und wachstumspolitischen Perspektiven aus der *Kapitalverteilung* und der *Kapitalverwendung* (bzw. ihrer Änderungen) konzentrieren.

Zuvor erscheint jedoch eine ergänzende Bemerkung notwendig: für die Realisierung des technischen Fortschrittes ist nicht nur die Kapitalneubildung (Nettoinvestition) von Bedeutung, sondern auch die *Ersatzinvestition,* was in der Wachstumsliteratur lange Zeit nicht hinreichend gewürdigt wurde. Die neuen Generationen von Maschinen, Anlagen und Ausrüstungen usw., die die alten ersetzen, sind diesen wegen des *inkorporierten* technischen (und organisatorischen) Fortschrittes mit Rücksicht auf ihren *Kapazitätseffekt* überlegen. Die Größe dieses Kapazitätseffektes hängt maßgeblich von dem *Volumen* der Ersatz-Investition (und damit vom Volumen des vorhandenen Kapitalstocks) und dem *Abschreibungstempo* ab. Da in hochentwickelten Volkswirtschaften das Volumen des Realkapitals groß ist und auch das Abschreibungstempo hoch, fällt hier der Ersatzinvestitionstätigkeit eine besonders wichtige Rolle als Wachstumsfaktor in Verbindung mit dem technischen Fortschritt zu.

Selbstverständlich steht auch bei der Kapitalbildung der Kapazitätseffekt im Vordergrund des wachstumspolitischen Interesses. Gerade dieser Kapazitätseffekt der Netto-Investitionen war es ja, der zur Verschmelzung der modernen Wachstumstheorie mit der Konjunkturtheorie Veranlassung gab, die bis zu dieser Neuorientierung sich fast ausschließlich auf den (kurzfristigen) *Einkommenseffekt* der Netto-Investitionen stützte. Unter dem Einkommenseffekt haben wir dabei den Sachverhalt zu verstehen, daß bei der Erstellung des Realkapitals zusätzliche Einkommen und damit zusätzliche monetäre Nachfrage geschaffen werden, während durch den Kapazitätseffekt der Investitionen die Produktionskapazität der Volkswirtschaft verbessert und damit das *Angebotspotential* ausgedehnt wird. Verständlicherweise ist der Einkommenseffekt bei der Kapitalneubildung nicht ohne Bedeutung für das Wachstum, entscheidet doch das Wachstum der Nachfrage einerseits über die *effektive Nutzung* des wachsenden Produktionspotentials, während andererseits in überwiegend marktwirtschaftlichen Systemen ein entsprechendes Nachfragewachstum *Voraussetzung* für die Investoren ist, die Produktionskapazitäten auszudehnen; trotzdem legt die Wachstumsforschung aus Gründen, auf die wir hier nicht näher eingehen können, zutreffend den Hauptakzent auf den Kapazitätseffekt.

Das Produktionspotential der Volkswirtschaft, das aus ihrer Kapitalausstattung in einer bestimmten Höhe in einem gegebenen Zeitpunkt resultiert, wird durch eine Reihe von Faktoren determiniert, von denen die *Aufteilung* des Realkapitals auf die verschiedenen *Kapitalformen* von besonderem Gewicht ist. Es ist leicht einsichtig, daß das Volumen an Gütern und Dienstleistungen, das mit Hilfe einer bestimmten Summe Realkapitals hergestellt werden kann, von Branche zu Branche, von Produktionsstufe zu Produktionsstufe und von Verwendung zu Verwendung mehr oder weniger stark differiert; die jeweilige *Kapitalstruktur* ist deshalb eine der wichtigsten Determinanten für das Leistungspotential der Kapitalausstattung einer Volkswirtschaft. Um dieses Leistungspotential auch quantitativ bestimmen zu können, ist von der Wachstumsforschung der Begriff des *Kapitalkoeffizienten* entwickelt worden. Man versteht darunter das wertmäßige Verhältnis von Realkapitalbestand und Ausstoß an Gütern und Leistungen, der mit Hilfe des Realkapitalbestandes in Kooperation mit den übrigen Produktionsfaktoren (Arbeit und Boden) erzeugt wird (werden kann). Wird das Kapital mit dem Symbol K und der tatsächliche Ausstoß mit Y bezeichnet, so erhalten wir in dem Quotienten $\frac{K}{Y}$ den *durchschnittlichen* (effektiven) Kapitalkoeffizienten für die gesamte Volkswirtschaft; wollen wir dagegen das Verhältnis nur für den Kapitalzuwachs einer Periode (ΔK) und den daraus resultierenden Ausstoßzuwachs (ΔY) berechnen, dann erhalten wir den *marginalen* Kapitalkoeffizienten. Berücksichtigen wir, daß der Kapitalzuwachs einer Periode die Nettoinvestition (I) der Periode darstellt, dann können wir für den marginalen Kapitalkoeffizienten auch alternativ den Quotienten: $\frac{I}{\Delta Y}$ verwenden. Durchschnittliche und marginale Koeffizienten — die übrigens auch für bestimmte *Wirtschaftssektoren* berechnet werden können — weichen in der Regel mehr oder weniger stark voneinander ab. Da der Wachstumsbeitrag der Sektoren mit überdurchschnittlich sinkendem Kapitalkoeffizienten steigt, bietet sich in der *Struktur* der Kapitalausrüstung ein wichtiger wachstumspolitischer Ansatzpunkt an, insbesondere soweit die *Verteilung* und *Verwendung* des Kapitals in Frage stehen. Unter strukturpolitischen Gesichtspunkten ist insbesondere darauf hinzuwirken, daß die „defensiven" Investitionen der absolut oder relativ schrumpfenden Wirtschaftszweige, mit denen der unvermeidliche Wandel der Produktionsstruktur nur verzögert und erschwert wird, zu Lasten der expandierenden Wirtschaftszweige möglichst unterbleiben.

Mit der Kapitalverwendung bzw. -verteilung müssen wir uns daher etwas eingehender befassen, wobei wir mit dem *Kapitalbegriff* der Wachstumsforschung beginnen. Aus unseren Darlegungen geht hervor, daß in der Wachstumstheorie, und entsprechend in der Wachstumspolitik, fast ausschließlich auf das *Realkapital* abgestellt wird, wenn vom Kapitalstock, der Kapitalbildung usw. die Rede ist. Es versteht sich weiterhin, daß dieser Kapitalbegriff der Wachstumstheorie hinsichtlich eines *Begriffsinhaltes* nicht unwesentlich von dem in den übrigen Disziplinen unserer Wissenschaft abweichen muß, da bekanntlich das Erkenntnisobjekt und die Untersuchungsziele über die Begriffe und ihren Inhalt entscheiden. Die möglichst vollständige und allseitige Erfassung bzw. Berücksichtigung der Auswirkungen des Kapitalbildungsprozesses auf das Leistungspotential der Volkswirtschaft legt in dieser Hinsicht eine möglichst *weite* Fassung des Realkapitalbegriffes nahe; auf jeden Fall muß der Begriff so weit gefaßt sein, daß der Einsatz und die Verwendung von Produktionsfaktoren zwecks Erweiterung und Verbesserung des Leistungspotentials der Faktoren Boden und Arbeit mit in den Kapitalbildungsprozeß einbezogen werden kann (Investitionen in den Boden und den Faktor Arbeit). Da der Kapazitätseffekt solcher Investitionen für jeden Leser offenliegt, der aufmerksam unseren Ausführungen im vorangegangenen Abschnitt gefolgt ist, können wir uns zu diesem Punkt weitere Erläuterungen ersparen. Erwähnt wurde auch bereits, daß eine solche inhaltliche Ausweitung des Begriffs Abgrenzungsschwierigkeiten mit sich bringt. Sie ergeben sich hauptsächlich im Hinblick auf den Faktor Arbeit, weniger dagegen in bezug auf den Faktor Boden (Naturschätze!): nur *ein Teil* der Aufwendungen im Bereich des Erziehungs- und Bildungswesens, des Gesundheitswesens usw. kann als *Investition* aufgefaßt und damit dem Kapitalbildungsprozeß zugerechnet werden; der Rest muß vielmehr dem Konsum zugeschlagen werden, und das damit auftretende quantitative Zurechnungsproblem ist sicherlich nur mit einer gewissen Willkür zu lösen. In *quantitativen* Untersuchungen wird also die Begriffsausweitung mit einer geringeren *Operationalität* des Kapitalbegriffes erkauft.

Das Realkapital kann nun für die Bildung von *tangiblen* (materiellen) und *nicht-tangiblen* (immateriellen) Kapitalobjekten verwendet werden. Es ist ohne weiteres einsichtig, daß die Aufwendungen zwecks Erhöhung des Leistungspotentials des Faktors Arbeit sich nur zu einem geringen Teil in tangiblen Kapitalobjekten niederschlagen; der weitaus größte Teil dieser Investitionen wird in den *immateriellen* Kapitalstock fließen. Bei den Investitionen in den Boden ist zwar die Entstehung von tangiblen Kapitalobjekten nicht selten zu beobachten (Wasser- und Energiewirtschaft, Landwirtschaft, Grundstoffindustrieen) und tritt auch in teilweise respektablen Größenordnungen auf; trotzdem kommt es aber auch bei dieser Verwendung zu einer beachtlichen Bildung von immateriellem Kapital, was ja bereits aus unseren Darlegungen über die *qualitative* Verbesserung des Bodenleistungspotentials hervorging.

Verständlicherweise taucht das immaterielle Kapital in den *Volksvermögensrechnungen*, die den Wert des gesamten Kapitalstocks einer Volkswirtschaft ermitteln wollen, nicht auf, da seiner Berechnung — oder auch nur fundierten Schätzung — immense Schwierigkeiten entgegenstehen. Das ist anders bei den *tangiblen* Objekten des Kapitalstocks, die in die beiden Gruppen des *Produktivvermögens* und des *Konsumtivvermögens* untergliedert werden können. Für beide Gruppen wiederum unterscheiden wir die öffentliche von der privaten Komponente: das private und öffentliche Konsumtivvermögen sowie das private und öffentliche Produktivkapital. Es liegt auf der Hand, daß das reale Konsumtivvermögen für den Wachstumsprozeß insofern wenig interessant ist, als ihm in der Regel ein direkter Kapazitätseffekt abgeht; *indirekte* Kapazitätseffekte sind nur von wenigen Teilaggregaten des Konsumtivvermögens zu erwarten, soweit nämlich ein enges Komplementaritätsverhältnis zwischen Wachstum des Produktivkapitals und dem Konsumtivvermögen existiert und damit das Wachstum des Konsumtivvermögens zu einer *Bedingung* für die Ausdehnung des Produktivkapitals wird.

Als Beispiel könnte hier das in Form von Häusern und Wohnungen anfallende Konsumtivvermögen angeführt werden, das im weiteren Sinne zum *Infrastrukturvermögen* gerechnet werden kann. Neues Produktivkapital kann in Regionen mit Arbeitskräftemangel nur geschaffen und genutzt werden, wenn Arbeitskräfte aus anderen Regionen angezogen werden können, was wiederum Neubau von Wohnungen voraussetzt. Sehen wir von den in *öffentlichem* Eigentum stehenden Wohnungen ab und berücksichtigen wir zusätzlich die *langlebigen Gebrauchsgüter* in den Haushaltungen einschließlich der Wohnungseinrichtungen und der privat genutzten Kraftfahrzeuge, dann erhalten wir das *private Konsumtivvermögen* insgesamt. Das *öffentliche Konsumtivvermögen* kann uneingeschränkt als Infrastrukturvermögen betrachtet werden. Im wesentlichen stellt es sich uns in der Form von Theatern, Museen, Parkanlagen, Sportstätten usw. dar. Wenngleich auch diese und ähnliche Objekte des Konsumtivvermögens nur eine sehr lockere Komplementarität zum Produktivkapital aufweisen und deshalb der Kapazitätseffekt vernachlässigt werden kann, so ist doch ihre Relevanz für das Wachstum in anderer Hinsicht offensichtlich. Das starke Wachstum des Konsumtivvermögens im Zuge der Wohlstandssteigerung strahlt nämlich beachtliche *Wachstumsimpulse* auf diejenigen Wirtschaftszweige aus, die sich mit der Produktion der Objekte des Konsumtivvermögens befassen. Über die vertikale Interdependenz dehnen sich die Impulse auch auf die vorgelagerten Produktionsstufen aus.

Zum *privaten* Produktivkapital, das wir in *Vorräte, Ausrüstungen* und *Bauten* aufgliedern wollen, sind keine weiteren Erläuterungen vonnöten, wohl dagegen zum *öffentlichen Produktivkapital.* Hierbei handelt es sich um produktive Kapitalobjekte im Eigentum der öffentlichen Hand, die deshalb auch als *produktives Infrastrukturkapital* bezeichnet werden. Üblicherweise werden hierzu die Vorräte, Ausrüstungen und Anlagen der öffentlichen Verkehrseinrichtungen, des öffentlichen Nachrichtenwesens, der öffentlichen Energieversorgung sowie weiterer öffentlicher Versorgungsbetriebe gezählt; häufig aber auch die Kapitalobjekte der Verwaltung, des Gesundheitswesens, des Schul- und Bildungswesens usw. mit entsprechenden Korrekturen für den konsumtiven Anteil und unter Ausschaltung derjenigen Objekte, die dem konsumtiven Infrastrukturvermögen zuzurechnen sind. Der Vollständigkeit halber sei darauf hingewiesen, daß unsere Unterscheidung von konsumtivem und produktivem Infrastrukturvermögen sich nicht mit der anderen, in der Literatur verbreiteten Unterscheidung zwischen *ökonomischem* und *sozialem* Infrastrukturkapital deckt, wenngleich auch weitgehende Parallelen bestehen. Bei dieser letzterwähnten Einteilung ist das Abgrenzungskriterium der *direkte* oder *indirekte* Kapazitätseffekt. Ein direkter Kapazitätseffekt in den Bereichen der *ökonomischen* Infrastruktur wie im Verkehrswesen, Nachrichtenwesen, öffentlichen Versorgungswirtschaft u. ä. m. wird einem indirekten Kapazitätseffekt in Bereichen der *sozialen* Infrastruktur wie im Falle des Wohnungswesens, des Erziehungs- und Gesundheitswesens, der öffentlichen Verwaltung usw. gegenübergestellt.

Wie die Wirtschaftsgeschichte zeigt, wächst das Produktiv- und Konsumtivvermögen mit *unterschiedlichen Raten* in den verschiedenen Phasen des Wachstums- und Entwicklungsprozesses, so daß sich seine Struktur (Zusammensetzung) ändern wird. Aber auch *innerhalb* der beiden Abteilungen des Kapitalstocks kommt es zu mehr oder weniger *systematischen* und *typischen* Strukturveränderungen, die das *Gewicht* der einzelnen Komponenten mehr oder weniger stark verschieben. Wir wollen jedoch diesen langfristigen Veränderungen der Kapitalstruktur im Zuge des Wachstumsprozesses nicht weiter nachgehen, sondern uns stattdessen einen Überblick über die Verwendung des Realkapitals in der Gegenwart verschaffen mit Bezug auf die erwähnten Verwendungsarten. Obwohl der internationale statistische Vergleich für einen bestimmten Zeitpunkt auch in hochindustrialisierten Ländern annähernd gleichen Entwicklungsniveaus beachtliche Abweichungen in den *relativen Anteilen* der verschiedenen Kategorien am gesamten Kapitalstock der Volkswirtschaften aufweist, sind doch auch andererseits hinsichtlich der Größenordnungen auffallende Regelmäßigkeiten zu beobachten, wenngleich auch auf die Schwierigkeiten und Vorbehalte bei solchen internationalen Vergleichen hingewiesen werden muß.

Fangen wir also mit dem *quantitativ* wichtigsten Posten des *privaten Konsumtivvermögens* — den Wohnungsbauten — an! Nach *Lewis* bewegt sich der Anteil des Wohnungsvermögens am gesamten Kapitalstock um 20—25 % einheitlich in allen hochentwickelten Ländern. Greifen wir als Demonstrationsobjekte die USA und die Bundesrepublik heraus, dann ergibt sich auf der Basis der von *Grünig* errechneten Werte für die Bundesrepublik im Jahre 1955 bei einem reproduzierbaren Volksvermögen von rd. 438 Mrd. DM (berechnet zu Preisen von 1950) und einem Wohnungsvermögen von 100 Mrd. ein Anteil von rd. 22,8 %. Wegen der Forcierung des Wohnungsbaues seit der Mitte des hinter uns liegenden Dezenniums wird diese Quote im Augenblick eher höher als niedriger anzusetzen sein. Nach einer Veröffentlichung von *Ehrlicher* lag der Anteil des Wohnungsvermögens in den USA im Jahre 1948 am dortigen Kapitalstock von rd. 497,3 Mrd. $ (berechnet zu Preisen von 1929) bis auf die erste Stelle hinter dem Komma genau so hoch wie in der Bundesrepublik — nämlich 22,9 % (oder absolut 108,2 Mrd); seit 1880 liegt außerdem die Quote in den USA beständig bei oder über 20 %.

Der Anteil des *Haushaltsvermögens* der privaten Haushalte am gesamten Kapitalstock (tangibel) tritt zwar gegenüber dem des Wohnungsvermögens zurück, ist aber trotzdem immer noch sehr beachtlich und stellt zweifelsohne die zweitgrößte Komponente innerhalb des Konsumtivvermögens dar. Von *Grünig* wird sein prozentualer Anteil für die Bundesrepublik (1955) mit rd. 20 % (90 Mrd. DM) angegeben, von *Ehrlicher* für die USA (1948) mit 14,1 % (67 Mrd. $). Selbst wenn wir berücksichtigen, daß die Zahlen für die Bundesrepublik im Vergleich zu den USA überhöht erscheinen und deshalb auf 15 % für die Bundesrepublik korrigieren, dann ergeben doch diese beiden Posten des Konsumtivvermögens zusammen eine Quote von etwas weniger als 40 % des gesamten tangiblen Kapitalstocks der Bundesrepublik. Addieren wir schließlich noch eine sehr vorsichtig geschätzte Quote von rd. 10 % für das Infrastrukturvermögen in *konsumtiver Verwendung* hinzu — Berechnungen oder zuverlässige Schätzungen über seine genaue Höhe liegen nicht vor und sind kaum zu erstellen —, dann ergibt sich das erstaunliche Resultat, daß ungefähr die Hälfte des Kapitalstocks in einer Volkswirtschaft auf das *Konsumtivvermögen* entfällt, und damit auch nur die andere Hälfte in Form von Produktivkapital verwendet wird.

Diesem *Produktivkapital* und seinen *Komponenten* wollen wir uns nunmehr zuwenden, indem wir beim *Vorratskapital* beginnen. Auch hinsichtlich des prozentualen Anteils dieser Komponente ergibt sich nach *Lewis* im internationalen Vergleich eine überraschende Regelmäßigkeit, liegt doch nach seinen Angaben der jeweilige Wert des Vorratskapitals zu einem beliebigen Zeitpunkt zwischen 35—50 % des jeweiligen Volkseinkommens. Gehen wir von dem statistisch errechneten Verhältnis zwischen Kapitalstock und (realem) Volkseinkommen in hochindustrialisierten Ländern in der Größenordnung zwischen 3 : 1 bis 5 : 1 aus, dann ergäbe sich daraus ein relativer Anteil des Vorratskapitals am gesamten Kapitalstock von 7 bis 16,7 %. Die von *Grünig* und *Ehrlicher* veröffentlichten Arbeiten bestätigen die Richtigkeit unserer Berechnung: Mit 42 Mrd. DM betrug der Anteil des Vorratsvermögens in der Bundesrepublik 1955 knapp 10 % am gesamten Kapitalstock, in den USA mit rd. 52 Mrd. $ rd. 11 % des Kapitalstocks von 1948. Die Relation von 2 : 1 bis 3 : 1 zwischen Volkseinkommen und Vorratskapital impliziert selbstverständlich, daß bei einem Wachstum des Volkseinkommens von beispielsweise 6 % pro Jahr die

Hälfte bzw. ein Drittel dieses Wachstums sich in einer Vergrößerung der Lagerhaltung niederschlagen würde (bei unterstelltem Wachstum der Lagerhaltung um ebenfalls 6 %). Der Anteil der *Vorratsinvestitionen* an den gesamten *Nettoinvestitionen* ist ebenfalls erheblich und betrug in der BRD zwischen 1950—1960 von 10,2 bis 31,3 %. Bedauerlicherweise sind in der Vergangenheit in den langfristigen Wirtschaftsplänen der Entwicklungsländer diese Zusammenhänge zwischen Wachstum und Vergrößerung des Vorratskapitals zum Schaden dieser Volkswirtschaften nicht immer hinreichend berücksichtigt worden, was selbstverständlich zu mangelnder Elastizität der Produktion wegen zu geringer Lagerhaltung, daraus resultierend Produktionsausfall und schlechte Kapazitätsnutzung, unnötiger Verlangsamung des Wachstums von Volkseinkommen, Beschäftigung usw. führen mußte. Es versteht sich von selbst, daß die Angaben über den Anteil der Vorratsinvestition *langfristige* Durchschnittswerte darstellen, da ja bekanntlich die Vorratsinvestition die *instabilste* Komponente der Nettoinvestitionen verkörpern und deshalb kurzfristig häufigen und starken Schwankungen in Zusammenhang mit dem Konjunkturzyklus ausgesetzt sind (Akzelerationsprinzip!). Daß Vorräte fast ausschließlich im *privaten* Sektor der Wirtschaft gehalten werden, sollte ohne weitere Erläuterungen klar sein.

Wir kommen damit zum *produktiven Infrastrukturvermögen,* dessen absolute Größenordnung und relativen Anteil wir wegen der in den Volksvermögensrechnungen selten vorgenommenen Trennung in konsumtives und produktives Infrastrukturkapital nur höchst unzureichend schätzen können. Für das gesamte Infrastrukturkapital wird von *Ehrlicher* für die USA eine Quote von 22,0 % angegeben (1948), von *Grünig* für die Bundesrepublik Deutschland eine solche von rd. 24 % (Summe des *Anlagevermögens* von Versorgungsbetrieben, Verkehr, öffentlichen Verwaltungen). Gehen wir von dem letztgenannten Wert aus und schätzen wir den Anteil des Infrastrukturkapitals in konsumtiver Verwendung in der Grünig'schen Berechnung vorsichtigerweise auf 5 % vom gesamten Netto-Anlage-Infrastrukturvermögen, dann bliebe eine Quote von rd. 20 % für das produktive Infrastrukturvermögen am gesamten Kapitalstock übrig.

Wir gelangen damit zu dem Ergebnis, daß ein relativ bescheidener Anteil des Kapitalstocks auf das Anlage- und Vorratsvermögen des *privaten* Produktionssektors entfällt (primärer, sekundärer und tertiärer Sektor), nach unseren Schätzungen in einer Größenordnung von rd. 35—40 % des gesamten Kapitalstocks, wobei rd. 1/3 in Vorräten und 2/3 in Bauten und Ausrüstungen angelegt ist. Unter dem Anlagevermögens dieses Sektors (nach vorstehender Rechnung max. 27 % des gesamten Kapitalstocks) kommt erwartungsgemäß dem *Ausrüstungskapital* das größere Gewicht vor den *Bauten* zu, wenngleich auch dieses Übergewicht keineswegs spektakulär ist. So zeigt beispielsweise die Berechnung von *Grünig* für die Bundesrepublik, daß vom privaten Anlagevermögen nicht sehr viel mehr als die Hälfte auf Ausrüstungen entfiel, wenngleich auch in der Zwischenzeit nach neueren Untersuchungen dieser Anteil weiter angestiegen ist. Ist man der Auffassung, daß den Ausrüstungen die entscheidende Rolle wegen ihres starken Kapazitäts- und Produktivitätseffektes *(technischer Fortschritt)* im Wachstumsprozeß zufällt, dann ist dieses Ergebnis höchst bemerkenswert: obwohl nur max. 20 % der Kapitalbildung in das Ausrüstungsvermögen geflossen sind, konnten Wachstumsprozesse mit dem beobachteten Tempo eingeleitet und über lange Zeitspannen hinweg gespeist werden. Da der technische Fortschritt sich u. a. darin äußerst, daß die Kapital-Ausstoß-Relation sich verbessert, d. h. der Kapitalkoeffizient sinkt, glauben einige Beobachter einen relativ engen und eindeutigen Zusammenhang zwischen der Steigerung des Anteils der Ausrüstungsinvestitionen in bestimmten Wirtschaftsbereichen an dem gesamten Kapitalstock dieser Bereiche einerseits und einer beschleunigten Verbesserung der Kapital-Ausstoß-Relation für die Vergangenheit andererseits aus den statistischen Zeitreihen nachweisen zu können. Daß die verschiedenen Investitionsarten bzw. Formen der Kapitalverwendung unterschiedliche Kapazitäts- und Produktivitätseffekte haben, darf mit Sicherheit unterstellt werden, wenngleich auch quantitativ-exakte Aussagen zu diesem Punkte recht schwierig sein werden.

Verständlicherweise differieren nun nicht nur die Kapazitätseffekte und damit die Wachstumsbeiträge der verschiedenen Verwendungsarten des Kapitalstocks voneinander, sondern auch seine Aufteilung auf die verschiedenen Wirtschaftsstufen und -branchen beeinflußt das produktive Leistungspotential des Kapitalstocks. Ebenso führen gleiche *Wachstumsraten* des Kapitalstocks je nach Aufteilung zu höchst unterschiedlichen *Wachstumsraten* des Sozialproduktes, weil die *Kapitalproduktivität* der Branchen und Stufen unterschiedlich hoch ist. Natürlich können wir bei dieser Argumentation auch auf den *Kapitalkoeffizienten* abstellen, der ja nichts weiter als der Kehrwert der Kapitalproduktivität ist und in den Wachstumsuntersuchungen gerne an ihrer Stelle benutzt wird. Wie stark die Abweichungen der Branchenkoeffizienten sind, mag am Beispiel der Bundesrepublik demonstriert werden, wobei wir eine Berechnung von *Arndt* zugrunde legen. Bei dieser Berechnung für das Jahr 1960 unterscheidet *K. D. Arndt* insgesamt 13 Branchen. Der Kapitalkoeffizient wird als der Quotient von Anlagevermögen (Wiederbeschaffungspreise Basis 1954) zum Ausstoß (Beitrag der Wirtschaftsbereiche zum Bruttoinlandsprodukt in Preisen von 1954) definiert; die Veränderung des Arbeitseinsatzes mit wachsendem Kapitalstock bleibt unberücksichtigt, so daß es sich bei dem Kehrwert dieser durchschnittlichen Kapitalkoeffizienten der Branchen *nicht* um partielle Kapitalproduktivitäten im Sinne der Produktions- und Ertragstheorie handelt. Die angegebenen Kapitalkoeffizienten variieren zwischen 0,97 (Baugewerbe) und 38,12 (Wohnungswesen) mit relativ hohen Werten für die Energiewirtschaft (8,72), Eisenbahnen (9,31) und Staat (8,05) und relativ niedrigen Werten für

Banken und Versicherungen (1,16), Handel (1,18) und verarbeitendes Gewerbe (1,40). Der durchschnittliche makroökonomische Kapitalkoeffizient für alle aufgeführten Bereiche wird mit 3,35 angegeben und zeigt für das Dezennium 1950—1960 einen erheblichen Abfall (4,31 und 3,35). Dieser langfristige Abfall des Kapitalkoeffizienten steht in Übereinklang mit den in der Tendenz gleichen Untersuchungsergebnissen in anderen hochentwickelten Volkswirtschaften für die letzten Dezennien, wenngleich auch für die Bundesrepublik zusätzlich der Sondereinfluß aus der *Beseitigung der Kriegszerstörungen* (mit relativ geringfügigen Investitionen wurden Produktionsanlagen wieder verwendungsfähig!) im Hinblick auf das auffallende Tempo des Abfalles am Werke war. Bemerkenswert ist übrigens in diesem Zusammenhang, daß nach dem ersten Gutachten des Sachverständigenrates der Bundesrepublik der *marginale* Bruttokapitalkoeffizient, dort definiert als Quotient aus Bruttoinvestition und Zuwachs des Bruttoinlandsproduktes — berechnet in gleitenden 5-Jahresdurchschnitten — in der Zeit von 1953 bis 1961 von 2,4 auf 4,5 zugenommen hat.

Wir erwähnten weiter oben bereits, daß der Kapazitätseffekt des *Kapitalzuwachses* (Kapitalbildung) ebenfalls durch die Art der Aufteilung und Verwendung der Netto-Investitionen beeinflußt wird und damit notwendigerweise auch der Wachstumsbeitrag der Netto-Investitionen. Selbstverständlich gilt aber auch, daß Stärke und Tempo des Wirtschaftswachstums durch das jeweilige *Volumen* der Netto-Investitionen beeinflußt werden. In hochentwickelten Volkswirtschaften, in denen die wachstumspolitischen Möglichkeiten aus der Verbesserung der Boden- und Arbeitsausstattung vergleichsweise bescheiden sind, kommt dem Investitionsvolumen im Wachstumsprozeß sogar entscheidende Bedeutung zu. Die Statistik zeigt denn auch, daß die Nettoinvestitionsquoten (Anteil der Netto-Investitionen am Nettosozialprodukt zu Marktpreisen) in diesen Ländern hoch sind und Werte von 15 % und mehr keine

Seltenheit darstellen. Nach dem bereits zitierten Gutachten des Sachverständigenrates der Bundesrepublik lag beispielsweise die jährliche Nettoinvestitionsquote in der Bundesrepublik im Zeitraum von 1955 bis 1965 zwischen 16 und 20 %, bei welcher Berechnung nur Ausrüstungs-, Bau- und Vorratsinvestitionen der privaten Wirtschaft und der öffentlichen Hand berücksichtigt sind.

Selbstverständlich muß die Wachstumsrate des Kapitalstocks niedriger als die aus dem Kapitalzuwachs resultierende jährliche Investitionsquote sein, wenngleich sie auch über beachtliche Zeitspannen hinweg über der durchschnittlichen jährlichen Wachstumsrate des Sozialproduktes liegen kann. Die Konsequenz ist ein Ansteigen des durchschnittlichen Kapitalkoeffizienten, während bei sinkendem Kapitalkoeffizienten entsprechend die Wachstumsrate des Kapitalstocks *unter* der des Sozialproduktes liegt. Auch diese Zusammenhänge können am Beispiel der Bundesrepublik demonstriert werden: Nach der Untersuchung von *Kirner* wuchs das Brutto-Anlagevermögen im Zeitraum von 1955 bis 1960 um rd. 30 % (zu konstanten Preisen), d. h. mit einer durchschnittlichen jährlichen Wachstumsrate von rd. 6 %, während nach den Angaben des Sachverständigenrates im gleichen Zeitraum das Netto-Sozialprodukt zu Marktpreisen, ebenfalls zu konstanten Preisen, um etwas mehr als 30 % zunahm, d. h. mit einer Durchschnittsrate pro Jahr von wenig mehr als 6 %; in der Phase von 1950 bis 1955 dagegen nahm das Brutto-Anlagevermögen um 22 % zu, das Netto-Sozialprodukt aber um rd. 60 %. Volumen, Aufteilung und Verwendung der Kapitalneubildung beeinflussen also gleichzeitig und zusammen die Wachstumsrate; aus diesem Grunde ist auch verständlich, daß im internationalen wie im zwischenzeitlichen Vergleich für ein bestimmtes Land gleiche Wachstumsraten des Sozialproduktes bei abweichenden Wachstumsraten des Kapitalstocks und umgekehrt registriert werden. Sehen wir in dem gegenwärtigen Zusammenhang von den übrigen Wachstumsfaktoren ab (Arbeit, Boden, Technischer Fortschritt), dann sind Volumen und Struktur des Kapitalstockes die maßgeblichen wirtschaftspolitischen Ansatzpunkte für eine zielbewußte Wachstumspolitik: optimales Volumen des Kapitalstockes ist mit einer optimalen Kapitalstruktur zu kombinieren.

Es ist nun leicht einsichtig, daß sowohl das Volumen wie die Struktur des Kapitalstocks ausschließlich bzw. vorzugsweise durch die Netto-Investitionstätigkeit geändert werden können, und daß es deshalb gilt, die Kapitalbildung entsprechend wirtschaftspolitisch *expansiv* (kontraktiv) zu beeinflussen und gleichzeitig *selektive* Kapitalbildungspolitik zu betreiben. Zwar kann auch durch die Ersatzinvestitionen die Struktur des Kapitalstockes insofern verändert werden, als durch die Abschreibungen die *Transferierbarkeit* der bereits vorhandenen Kapitalobjekte ermöglicht wird und deshalb die Ersatzobjekte gegebenenfalls anderen Verwendungen zugeführt bzw. umverteilt werden können; aus technologischen, organisatorischen und anderen Gründen kann in der Praxis aber nur sehr bescheidener Gebrauch von dieser Umschichtungsmöglichkeit des bereits installierten Kapitalstocks gemacht werden. Praktisch sehr viel bedeutsamer ist daher die wachstumsorientierte Beeinflussung der Netto-Investitionstätigkeit auch im Hinblick auf die Strukturänderungen. Kommt es bei der volumenmäßigen Beeinflussung der Kapitalbildung im wesentlichen darauf an, ganz generell das Investitionsklima und die Investitionsbedingungen zu verbessern (Investitionsrisiko, Ertragsaussichten, Finanzierungsquellen und -bedingungen) bzw. die *Investitionsimpulse* zu verstärken (technischer und organisatorischer Fortschritt, Substitution von Arbeit durch Kapital), so erfordert die auf die Änderung der Kapitalstruktur zielende Wachstumspolitik eine entsprechende Differenzierung und selektive Ausrichtung der einschlägigen wirtschaftspolitischen Aktivitäten.

Soweit die öffentliche Hand selbst Investor ist und damit Identität zwischen dem Träger der Wirtschaftspolitik und dem Investor gegeben ist, liegen sowohl bei der quantitativen wie strukturellen Kapitalbildungspolitik die Verhältnisse noch vergleichsweise günstig, wenngleich auch hier die praktischen Schwierigkeiten nicht zu übersehen sind: im Rahmen ihrer Haushaltsgebarung hat die öffentliche Hand darüber zu entscheiden, welchen Teil der Ausgaben sie für öffentliche Investitionen ausgeben will und wie sie das Gesamtvolumen der Investitionsausgaben verwenden will, damit ein möglichst großer Kapazitätseffekt erzielt werden kann. Die wirtschaftspolitische Problematik ist im Falle der privaten Investitionsausgaben komplizierter, weil die Entscheidungen einer Vielzahl von Wirtschaftssubjekten über Volumen und Aufteilung bzw. Verwendung ihrer Investitionsausgaben zieladäquat beeinflußt werden müssen; sofern die privaten Investitionen aus Fremdkapital finanziert werden, ist außerdem das Geldkapitalvolumen und seine Anlage durch Einwirkung auf private Sparer, Banken und Kapitalsammelstellen entsprechend zu steuern, wobei auch bei den privaten Investitionen die maßgebliche Orientierungsgröße ihr Kapazitätseffekt ist.

Das Arsenal von wirtschaftspolitischen Instrumenten, das für eine wachstumsorientierte Kapitalbildungspolitik erforderlich ist, ist außerordentlich umfangreich, wie aus den gerade gemachten Ausführungen hervorgeht; es muß deshalb der Hinweis genügen, daß indirekte neben direkten, quantitative neben qualitativen, fiskalische neben nichtfiskalischen, führende neben zwingenden usw. Instrumenten eingesetzt werden können, um Kapitalfehlleitungen im Sinne der Wachstumspolitik möglichst weitgehend auszuschließen.

Trotz des umfangreichen Instrumentariums bleibt aber dieser Bereich der Wachstumspolitik ein schwieriges Unterfangen, das gleichzeitig einschneidenden Beschränkungen unterworfen ist. Die Beschränkungen ergeben sich nicht nur aus der häufig zu beobachtenden Konkurrenz zwischen bestimmten Fundamentalzielen, die zu Kompromissen zwingt, sondern auch aus der Interdependenz des volkswirtschaftlichen Produktionsprozesses und dem Komplementaritätsverhältnis der verschiedenen Komponenten des

Kapitalstocks. Versuche mit dem Ziel, die Kapitalstruktur über stark differierende Wachstumsraten der Komponenten des Kapitalstocks zu ändern, enden deshalb mit „Flaschenhälsen“ und Überschußkapazitäten“ bzw. führen nicht zu voller Nutzung von Teilen des Kapitals, weil die komplementären Komponenten des Kapitalstocks nicht hinreichend synchron wuchsen. Sind also in dieser Hinsicht der praktischen Wirtschaftspolitik deutliche Grenzen gesetzt, so nicht minder auch im Hinblick auf anderweitige Schwierigkeiten: eine der fatalsten ist zweifelsohne, daß nach dem derzeitigen Stand unserer wissenschaftlichen Erkenntnisse weder für die Bestimmung des optimalen Investitionsvolumens noch die Verteilung und Verwendung der Investitionen bezüglich differierender Wachstumseffekte zureichend sichere und praktikable Kriterien zur Verfügung stehen.

2.4 Technik

Wir wiesen bereits eingangs des vorhergehenden Abschnittes darauf hin, daß Wachstum die *quantitative* und *qualitative* Steigerung des Leistungspotentials der in der Produktion kooperierenden Produktionsfaktoren voraussetzt. In hochentwickelten Volkswirtschaften ist aber das Wachstum von Arbeits- und Bodenvolumen aus den dargelegten Gründen stark beschränkt, so daß zur Erzielung der angestrebten hohen Wachstumsraten im wesentlichen das *Wachstum des Kapitalstocks* verbleibt, wenn wir wiederum von den qualitativen Verbesserungen des Leistungspotentials der Produktionsfaktoren absehen. Das zu beobachtende Wachstum des Kapitalstocks liegt deshalb in der Regel erheblich über den Wachstumsraten des Arbeits- und Bodenvolumens. Die Erklärung hierfür liegt nicht nur darin, daß auch die qualitative Verbesserung des Leistungspotentials von Arbeit und Boden die Bildung und Verwendung von Kapital erforderlich macht, sondern auch Kapital gebildet und verwendet werden muß, um „ersatzweise“ die Wachstumslücken bei den naturgegebenen Produktionsfaktoren Arbeit und Boden zu füllen. Besonders in den Phasen des „intensiven" Wachstums werden deshalb Arbeit und Boden in einer Volkswirtschaft in ständig steigendem Maße durch Kapital *substituiert*, was notwendigerweise zu einer ständigen Verschiebung der volumenmäßigen Proportionen zwischen den Faktoren zugunsten des Kapitals führen muß. Wir sprechen in diesem Zusammenhang auch von einem Prozeß der *Kapitalintensivierung*, durch den die *Kapitalintensität* ständig gesteigert wird. Es ist üblich, für die Berechnung der Kapitalintensität das Verhältnis von (materiellem) Kapital K und Anzahl der Erwerbstätigen A zugrundezulegen, so daß durch den Quotienten $\frac{K}{A}$ die Kapitalintensität als die (durchschnittliche) Ausstattung der Arbeitskraft mit Kapital definiert wird.

Diese Kapitalintensivierung wäre aus den genannten Gründen auch bei *gleichbleibender* Produktionstechnik, d. h. bei Abwesenheit von technischem (und organisatorischem) Fortschritt erforderlich; die historischen Wachstumsprozesse sind aber durch erheblichen technischen Fortschritt gekennzeichnet, der deshalb als eine zweite wichtige Quelle für den Prozeß der Kapitalintensivierung angesehen werden muß, weil von den drei verschiedenen Spielarten des technischen Fortschritts, dem *arbeitssparenden*, dem *neutralen* und dem *kapitalsparenden*, der erstgenannte für den industriellen Wachstumsprozeß typisch ist und eindeutig überwiegt. Innerhalb des arbeitssparenden technischen Fortschritts kommt wiederum der Variante des arbeitssparenden technischen Fortschritts bei *steigendem* Kapitalaufwand die überragende Bedeutung vor den Varianten mit *konstantem* bzw. *sinkendem* Kapitalaufwand zu, so daß die Beziehung zwischen technischem Fortschritt und Kapitalintensivierung wegen dieses Sachverhaltes außerordentlich eng ist. Nicht nur in dem Sinne, daß der technische Fortschritt das überproportionale Kapitalwachstum stimuliert, sondern auch im entgegengesetzten Sinne, daß durch die starke Kapitalakkumulation die technische Fortschrittsrate erhöht wird. Das überproportionale Wachstum des Kapitals bildet nämlich einen ständigen Anreiz zur Einführung des arbeitssparenden technischen Fortschritts und damit zur Kapitalintensivierung, weil die *Faktorpreisrelationen* zwischen der Arbeit und dem Kapital stark zugunsten der Arbeit verbessert werden. Zwar profitiert von dieser Veränderung der Faktorpreisrelation auch die fortschrittsunabhängige Substitution der Arbeit durch Kapital; da jedoch die Änderung der Faktorpreisrelationen zwischen Arbeit und Kapital die Entwicklung der *Faktorgrenzproduktivitäten* im Wachstumsprozeß tendenziell widerspiegelt, stellt der technische Fortschritt den notwendigen *Ausgleichsmechanismus* dar, der die Kapitalproduktivität im Zuge des überproportionalen Kapitalwachstums nicht ständig und stark absinken läßt, womit der Anreiz für Kapitalbildung und Kapitalverwendung von dieser Seite her gemindert würde. Die für die USA angestellten Berechnungen in diesem Zusammenhang zeigen eine erstaunliche Konstanz der Kapitalproduktivität über sehr lange Zeiträume, was bei der dortigen starken Kapitalbildung nicht denkbar gewesen wäre, wenn nicht der technische Fortschritt die Tendenz zu einem Absinken der Kapitalproduktivität wegen überproportionalen Kapitalwachstums, das das Wachstum der übrigen Produktionsfaktoren erheblich überstieg, ständig kompensiert hätte. Selbstverständlich impliziert die Konstanz der Kapitalproduktivität *keine* Konstanz der Arbeitsproduktivität; vielmehr steigt die Arbeitsproduktivität im Wachstumsprozeß stark an (so in den USA für die Zeit von 1900 bis 1939 auf etwa das Doppelte, in der Bundesrepublik für die Zeit von 1950 bis 1960 gemäß amtlicher Statistik um rd. 70 %). Daß die Steigerung der Arbeitsproduktivität nicht ausschließlich auf den technischen Fortschritt, sondern auch auf andere Ursachen zurückzuführen ist, soll in diesem Zusammenhang nochmals ausdrücklich erwähnt werden.

Die Bedeutung, die im Hinblick auf die Produktivitätsentwicklung den übrigen Ursachen neben dem technischen Fortschritt zugemessen wird, hängt nicht zuletzt von der

Definition des technischen Fortschritts und seiner Abgrenzung gegenüber den anderen Wachstumsfaktoren ab; je weiter der Begriff inhaltlich gefaßt wird, um so größer ist notwendigerweise ceteris paribus der Anteil des technischen Fortschrittes an der Produktivitätsentwicklung. Obwohl die Definitionen des technischen Fortschritts in der Literatur nicht einheitlich sind, liegt doch das Schwergewicht auf der Einführung *neuer* Produkte (bzw. neuer Qualitäten eines schon bekannten Produkts), der Einführung neuer *Produktionsverfahren* und der Erschließung *neuer* Rohstoffquellen bzw. *neuer* Faktorleistungen der natürlichen Ressourcen.

Die Abgrenzungsschwierigkeiten gegenüber den übrigen Ursachen der Produktivitätssteigerung, wie beispielsweise gegenüber der *Rationalisierung*, der *Faktorsubstitution* und dem *organisatorischen* Fortschritt sind teilweise außerordentlich und so groß, daß einige Autoren eine Unterscheidung für sinnlos und unpraktisch halten. Dies gilt insbesondere für die Faktorsubstitution, die bei dem für das Wachstum besonders charakteristischen und wichtigen *arbeitssparenden* technischen Fortschritt Substitution des Faktors Arbeit durch den Faktor Kapital bedeutet. In aller Regel ist der arbeitssparende technische Fortschritt mit solchen Substitutionsprozessen verbunden, weil durch den technischen Fortschritt die Grenzraten der Substitution zwischen den Produktionsfaktoren verändert werden (oder was gleichbedeutend ist, das Verhältnis der Grenzproduktivitäten der Faktoren geändert wird) und das Gewinnstreben deshalb die Unternehmer veranlaßt, das Mengenverhältnis der in der Produktion miteinander kooperierenden Faktoren zu ändern, falls die Anpassung der Faktorpreise an die sich ändernden Grenzproduktivitäten zeitlich verzögert erfolgt, wie wir das für die Realität unterstellen dürfen. Erfolgt der Anstoß zur Substitution in diesem Falle also durch den technischen Fortschritt, so ist andererseits natürlich auch die Faktorsubstitution als Folge von Preisveränderungen der Faktoren ohne (vorhergehenden) technischen Fortschritt möglich: steigt der Lohn stärker als der Zinssatz (oder bei gleichbleibendem Zinssatz), weil sich die *Knappheitsrelationen* zwischen Kapital und Arbeit wegen der unterschiedlichen Wachstumsraten verschieben, dann lohnt es sich für den Unternehmer, Arbeit so weit wie möglich durch Kapital zu substituieren, weil die Grenzproduktivitäten sich nicht oder nicht entsprechend ändern. Wird aber zusätzliches Kapital, gleichgültig ob substitutiv oder komplementär, eingesetzt, dann ist es für den Unternehmer selbstverständlich, es in der jeweils *effizientesten* Form einzusetzen, d. h. unter Berücksichtigung und *Inkorporierung* des jeweiligen technischen Fortschrittsniveaus. Dieses Bemühen der Unternehmer um Kapitalobjekte mit möglichst hohem technischen Niveau wird deshalb auch starke Impulse auf den technischen Fortschritt als Folge des Substitutionsprozesses ausstrahlen.

Wir brauchen für unsere Darstellung aus der Sicht der Allgemeinen Volkswirtschaftspolitik die Frage nicht definitiv zu entscheiden, ob die Substitution *analytisch* vom technischen Fortschritt zu trennen ist oder nicht; mit Rücksicht auf ihren Wachstumseffekt über die Steigerung der Produktivität kommt beiden Verfahren wirtschaftspolitisch die prinzipiell gleiche Bedeutung zu, wenn auch mit unterschiedlichen Gewichten. Sämtliche Autoren stimmen nämlich darin überein, daß als Folge des technischen Fortschritts der Ausstoß bei gleichem Faktoreinsatz vergrößert werden kann (oder alternativ der gleiche Ausstoß mit geringerem Faktoreinsatz erzielt wird), unabhängig davon, ob der technische Fortschritt mit einer *Verschiebung der Produktionsfunktionen* identifiziert und auf diesen Aspekt beschränkt wird oder nicht. Die aus dem technischen Fortschritt resultierende Produktivitätssteigerung ist mit Bezug auf die Ausweitung des Produktionspotentials deshalb auch grundsätzlich dem Faktorenwachstum gleichzusetzen: in beiden Fällen stehen der Volkswirtschaft *zusätzliche* Faktormengen zur Verfügung, nämlich die durch den technischen Fortschritt *freigesetzten* Faktormengen einerseits und das aus dem Faktorenwachstum resultierende Zusatzvolumen andererseits. In der Praxis scheint jedoch, wenn man den einschlägigen statistischen Untersuchungen vertrauen darf, in hochentwickelten Volkswirtschaften dem technischen Fortschritt als Wachstumsfaktor der Vorrang vor dem Faktorenwachstum (und anderen Ursachen) zu gebühren: für die USA liegt beispielsweise der errechnete bzw. geschätzte Anteil des technischen Fortschritts am Wirtschaftswachstum im zurückliegenden Halbjahrhundert eindeutig und erheblich über dem Anteil, der auf das Faktorenwachstum (und andere Ursachen) entfällt. Auch aus diesem Grunde muß also der technische Fortschritt als ein zentraler Ansatzpunkt für eine zielstrebige und zielbewußte Wachstumspolitik gelten. Um so schwerwiegender sind die Ergebnisse der international-vergleichenden Untersuchungen zu werten, die für die meisten westeuropäischen Volkswirtschaften einen erheblichen Rückstand der Forschungsausgaben gegenüber den führenden USA (und Sowjetrußland) ausweisen, und in denen die Bundesrepublik besonders schlecht abschneidet. Nach einer vor kurzem veröffentlichten Studie der OECD betrugen 1962 die Forschungsausgaben in der Bundesrepublik nur 1,3 % des Volkseinkommens, während der Anteil für die USA für das gleiche Jahr mit 3,1 % und für England mit 2,2 % angegeben wird (inkl. militärische Forschung und Raumfahrtforschung).

Auf dem Hintergrund dieser Statistik kann nicht ernsthaft bezweifelt werden, daß die Bemühungen in der Bundesrepublik um die Förderung und Verstärkung des technischen Fortschritts verstärkt werden müssen. Wenden wir deshalb unsere Aufmerksamkeit den wirtschaftspolitischen Problemstellungen zu, die sich aus diesem Anliegen für die Wachstumspolitik ergeben! Dabei knüpfen wir zweckmäßigerweiser an die bereits getroffene Unterscheidung zwischen invention und innovation an und unterscheiden dementsprechend diejenige Gruppe von Maßnahmen, die das technische Wissen im Sinne seiner *Erweiterung*, *Vertiefung* und *Verbreitung* vorantreiben sollen von der anderen Gruppe, durch die seine *praktische Anwendung*, d. h. seine Übertragung in die Wirtschaftspraxis, erleichtert werden soll. Zur ersten Gruppe zählen alle Maßnahmen, die die *Grundlagenforschung* und die *angewandte Forschung* erleichtern und intensivieren können bzw. die Forschungsergebnisse potentiellen Benützern leichter zugänglich machen. Sowohl die *individuelle* wie die *organisierte* Forschung sind in diesem Zusammenhang zu berücksichtigen, die Forschungseinrichtungen der *öffentlichen Hand* ebenso wie die von Privaten, wobei die Naturwissenschaften, die technischen Wissenschaften bzw. die Ingenieurwissenschaften im Vordergrund des Interesses stehen, wenngleich auch eine Reihe von geisteswissenschaftlichen Disziplinen (Psychologie, Soziologie, Wirtschaftswissenschaften u. a. m.) über die kulturellen, institutionellen, organisatorischen und anderen Bedingungen des technischen Fortschritts bzw. seine Begleiterscheinungen wichtige Beiträge beisteuern können.

Dabei darf nicht aus den Augen gelassen werden, daß das Schwergewicht in der Neuzeit sich mehr und mehr auf die *organisierte* Forschung verlagert und daß sich eine weitgehende Arbeitsteilung zwischen öffentlicher Hand und Privatwirtschaft in dem Sinne ergeben hat, daß die Grundlagenforschung im wesentlichen von der öffentlichen Hand betrieben wird (Hochschulen und sonstige staatliche Forschungsinstitute), während die angewandte Forschung ganz überwiegend privatwirtschaftlich durchgeführt wird. Wie der vor kurzem erschienene erste Bericht des Bundeswissenschaftsministeriums zeigt, entfällt der ganz überwiegende Teil der Forschungsausgaben des privaten Sektors (für 1962 rd. 2,2 Mrd. DM) auf diese Sparte. Nur in den Fällen, in denen die *Größenstruktur* der jeweiligen Wirtschaftszweige die wirtschaftseigene Forschung nicht gestattet (Landwirtschaft, Mittelstand u. a. m.), muß der Staat auch auf dem Gebiet der angewandten Forschung einspringen. Die Forschungsergebnisse könnten dann gegen eine geringe Gebühr oder kostenfrei allen Angehörigen des Wirtschaftszweiges offen stehen, und der technische Fortschritt schnell und auf sehr breiter Basis auch Einzug in die Praxis finden.

Das ist anders in dem Falle der privatwirtschaftlich betriebenen Forschung, wo das *Patentwesen* je nach seiner konkreten Ausgestaltung eine mehr oder weniger hohe Barriere gegen die schnelle und allgemeine Verwirklichung des technischen Fortschritts darstellt. Zwar kann das *Lizenzwesen* bis zu einem gewissen Grade Abhilfe schaffen; aber es liegt auf der Hand, daß nicht alle Hemmnisse beseitigt werden können und daß in der Ausgestaltung des Patent- und Lizenzwesens wichtige wirtschaftspolitische Möglichkeiten liegen, auf den technischen Fortschritt — sowohl positiv wie negativ — Einfluß zu nehmen. Ebenso von selbst versteht sich, daß die Beschleunigung des technischen Fortschrittes über eine Ausdehnung und Intensivierung der Forschung nur möglich ist, wenn das *wissenschaftliche Personal* kontinuierlich wächst und sein Leistungsniveau steigt. Auch in diesem Zusammenhang spricht der erwähnte Bericht der OECD eine deutliche Sprache: während in den USA im Vergleichsjahr von 1000 Erwerbstätigen 104 Personen in der Forschung und Entwicklung tätig waren, waren es in Westeuropa nur 46 Personen, in der Bundesrepublik nur 39 (gegenüber England 61) und in der Sowjetunion mindestens 73 und höchstens 104. Auch unter diesem spezifischen Aspekt kommt also dem *allgemeinen Ausbildungswesen* erhebliche Bedeutung zu und seine zweckmäßigste Ausgestaltung ist von nicht geringerer Wichtigkeit als der *Umfang* der finanziellen Aufwendungen, die die öffentliche Hand hierfür bereitstellt. Die Bedeutung dieser Investitionen im Erziehungssektor mag an einer Schätzung von *Denison* für die USA demonstriert werden: auf sie können für die Zeitspanne 1929—1957 23 % des Wirtschaftswachstums und 42 % der Produktivitätssteigerung zurückgeführt werden.

Natürlich kann die privatwirtschaftlich betriebene Forschung auch dadurch gefördert werden, daß die öffentliche Hand gezielte Steuererleichterungen gewährt und daneben direkte Finanzierungshilfen leistet. Als Beispiel kann hier die Steuerfreiheit von Spenden für Wissenschaft und Forschung bei der Einkommensbesteuerung in der Bundesrepublik angeführt werden, die übrigens in ähnlicher Form auch in anderen Ländern anzutreffen ist.

Von großer Bedeutung ist aber nicht nur die Forschung selbst, sondern auch die *Publikation* und *Verbreitung* der Forschungsergebnisse; diese Aufgabe wird um so wichtiger, je größer der Anfall der Forschungsergebnisse ist. In diesem Zusammenhang ist ein gut organisiertes *Bibliothekswesen* und eine *Zentralisierung der Dokumentation* von großer Bedeutung; sie sind die Voraussetzung für einen möglichst umfassenden *Referenzdienst,* in dem in starker Konzentration über die Forschungsarbeiten berichtet wird, und einen ausgebauten *Übersetzungsdienst* für Veröffentlichungen in fremden Sprachen. Für die Bundesrepublik ist erstmalig eine technische Zentralbibliothek mit angeschlossener Dokumentationszentrale vor kurzem in der neuerrichteten Bibliothek der TH Hannover in Betrieb genommen worden.

Das zweite Betätigungsfeld für die Wirtschaftspolitik ist neben der Forschung die Übertragung und Anwendung der Forschungsergebnisse in der Praxis, wobei der Träger der Wirtschaftspolitik ebenfalls organisatorische, finanzielle und steuerliche Hilfestellung in erheblichem Umfange leisten kann. Da das Tempo des technischen Fortschritts in einer Volkswirtschaft von der *Schnelligkeit* sowie der *Breite* abhängt, mit der die Forschungsergebnisse Einzug in die Praxis halten, kommt es darauf an, die Förderungsmaßnahmen auf diese Gesichtspunkte hin auszurichten, gleichgültig, ob es sich bei dem technischen Fortschritt um neue Produktionsverfahren, die Entwicklung neuer Produkte u.a.m. handelt. Da im allgemeinen die Einführung des technischen Fortschritts mit Investitionen gekoppelt ist (neue Werkzeuge, Maschinen, Anlagen), ist die Förderung der Investitionstätigkeit gleichzeitig auch Förderung des technischen Fortschritts. Nicht zu vergessen sind in diesem Zusammenhang die *Ersatzinvestitionen* und die sich hierauf beziehenden Abschreibungen. Es ist deshalb auch kein Zufall, daß in Ländern mit hoher technischer Fortschrittsrate die Abschreibungen steuerlich liberal behandelt werden (so etwa in den USA). Aber selbstverständlich sind auch alle anderen Maßnahmen, die die privatwirtschaftlichen Kosten für die Einführung des technischen Fortschrittes direkt oder indirekt senken und/oder die Ertragsaussichten für das verbesserte Verfahren oder Produkt verbessern, prinzipiell ebenso geeignet.

Bei aller notwendigen und erwünschten Förderung des technischen Fortschrittes sollten allerdings nicht die wachstumspolitischen Möglichkeiten übersehen oder vernachlässigt werden, die sich aus dem *organisatorischen* Fortschritt ergeben. Hauptanwendungsgebiete sind hier die Verwaltung, Beschaffung und Vertrieb, Finanzierung und andere Bereiche der Unternehmungsführung (management). Alle Maßnahmen also, die die Qualität der Unternehmungsführung steigern und insbesondere ihre Bereitschaft und Fähigkeit zur Nutzung des organisatorischen Fortschritts verbessern, verdienen in diesem Zusammenhang Beachtung.

3. Konjunktur- und Beschäftigungspolitik

3.1 Allgemeines

Wie wir in unseren einleitenden Bemerkungen zur Wachstums- und Entwicklungspolitik bereits ausführten, hat das Konjunkturphänomen, das lange Zeit im Mittelpunkt der Bemühungen von praktischer und wissenschaftlicher Wirtschaftspolitik gestanden hat, seit Beendigung des zweiten Weltkrieges viel an Gewicht verloren. Glücklicherweise — so dürfen wir im Rückblick auf die enormen Wohlstandsverluste und das mit den schweren wirtschaftlichen *Depressionen* der Vergangenheit (Weltwirtschaftskrise der 30er Jahre!) verbundene Massenelend konstatieren — haben die schweren Konjunktureinbrüche der Vergangenheit den Charakter vergleichsweiser milder *Rezessionen* (Stagnation des Wachstums bzw. Abnahme des realen Sozialproduktes um wenige Prozente) oder *Dämpfungen* (Verringerung der Wachstumsraten) angenommen.

Zwar ist es noch zu früh, um mit absoluter Sicherheit das Auftreten einer Depression für alle Zukunft auszuschließen; aber die Wahrscheinlichkeit hierfür ist angesichts der erheblich verbesserten Kontrollmöglichkeiten sowie des wirksameren konjunkturpolitischen Instrumentariums der Gegenwart äußerst gering.

Mit unserer Charakterisierung von Rezession und Dämpfung als *Wachstumszyklen* ist bereits zum Ausdruck gebracht, daß die Konjunkturbewegungen im Wachstumsprozeß selbst ihren Ursprung haben; auch historisch ist dieser Zusammenhang insofern belegbar, als erst im Zuge der Industrialisierung mit kontinuierlichem und nachhaltigem Wachstum Konjunkturzyklen auftreten. Zwar hat es auch vorher immer wieder *unregelmäßig* auftretende Wirtschaftskrisen gegeben; aber erst im Zuge des Wachstums kommt es zu dem charakteristischen *rhythmischen* Wechsel zwischen Phasen verstärkter ökonomischer Aktivität (Aufschwung) und verminderter ökonomischer Aktivität (Abschwung), die häufig mit Wellenbewegungen unterschiedlicher Höhe (Amplitude) und mehr oder weniger regelmäßiger Länge (Intervall, Periodizität) verglichen werden. Diese Wellenbewegungen sind im Prinzip Manifestationen des bereits erwähnten Umstandes, daß das Wachstum in *Schüben* und *Sprüngen* und damit unregelmäßig, unstetig und ungleichgewichtig vor sich geht. Wird der Wachstumspfad einer Volkswirtschaft als der von Schwankungen bereinigte statistische Aufwärtstrend des wirtschaftlichen Wachstums begriffen, dann stellen sich die Konjunkturzyklen als Wellenbewegungen um den Wachstumstrend dar.

Die Beobachtung zeigt außerdem, daß solche Unregelmäßigkeiten des Wachstums nur unter gewissen institutionellen, organisatorischen und strukturellen Bedingungen zu einer wellenförmigen Abfolge von *Expansions-* und *Kontraktionsphasen* führen, die sie zu einem Spezifikum *marktwirtschaftlicher* Systeme macht. Zwar gab und gibt es auch in Zentralverwaltungswirtschaften Unregelmäßigkeiten des

Wachstums in der Form, daß die Wachstumsraten innerhalb bestimmter Grenzen differieren; aber bisher jedenfalls nahmen diese Unstetigkeiten des Wachstums in Zentralplanwirtschaften nicht die Form einer wellenförmigen Abfolge von mehrjährigen Kontraktions- und Expansionsphasen an. Ein Vergleich zwischen den USA und der UdSSR seit 1950 zeigt den Unterschied sehr deutlich: Während in der UdSSR bei vergleichsweise hohen durchschnittlichen Wachstumsraten des Sozialproduktes zeitlich unregelmäßig verteilte Schwankungen zu verzeichnen sind, zeigen die jährlichen Wachstumsraten in den USA (als Veränderungen gegenüber dem Vorjahr) zyklische Wellenbewegungen mit Wellentiefs in den Jahren 1954, 1958 und 1961, mit einer maximalen jährlichen Wachstumsrate des realen Bruttosozialproduktes von rd. + 8 % im Jahre 1955 und einer maximalen negativen Veränderungsrate (Rezession) von rd. 1,5 % im Jahre 1954.

Die *Systembedingtheit* der Konjunkturschwankungen im Zuge von Wachstumsstörungen kann neben der Erfahrung auch durch theoretische Erwägungen begründet werden, auf die wir jedoch aus Raumgründen verzichten müssen. Systembedingtheit liegt notwendigerweise auch hinsichtlich eines der wichtigsten Teilaspekte des Konjunkturzyklus vor, nämlich der konjunkturellen *Beschäftigungsschwankungen* (konjunkturelle Arbeitslosigkeit). Wenngleich der Beschäftigungsaspekt nach dem zweiten Weltkrieg wegen der erheblichen Milderung des Konjunkturverlaufes viel von seiner Schärfe verloren hat, so bleibt er nichtsdestoweniger ein wichtiges wirtschaftspolitisches Problem. Dies zeigt gerade die jüngste Entwicklung während der Rezession der Jahre 1966/67 in der Bundesrepublik ebenso wie das Beispiel anderer Länder, insbesondere der USA, für die Zeit nach dem zweiten Weltkrieg; selbst in den Jahren starken Wachstums erreichten nämlich die USA nur selten den Zustand der Vollbeschäftigung (zwischen 2 bis 3 % Arbeitslosigkeit) und in den Rezessionsjahren stiegen die Arbeitslosenziffern sogar auf maximal nahezu 7 %. Im Vergleich zu der Arbeitslosenziffer im Tiefpunkt der

Weltwirtschaftskrise der dreißiger Jahre (rd. 25 % im Jahre 1933) und zur Periode von 1931 bis 1940, in der die Arbeitslosenziffer in den USA nie unter 14 % sank, sind die dortigen Arbeitslosenziffern nach dem zweiten Weltkrieg immer noch als mäßig zu bezeichnen. Trotzdem stellen sie einen erheblichen Wohlstandsverlust für die US-amerikanische Volkswirtschaft insofern dar, als das dortige Produktionspotential nie voll ausgeschöpft wurde. Die tatsächlich erzielten Wachstumsraten lagen deshalb unter Berücksichtigung der hohen Arbeitsproduktivität in den USA erheblich unter den *möglichen* Wachstumsraten des Sozialprodukts, zumal da die notwendigen Kapazitätsreserven des Kapitalstocks zur Verfügung standen. Die effektive Gesamtnachfrage (einschließlich der Auslandsnachfrage) nach Gütern und Leistungen reichte offensichtlich nicht aus, um die im Wachstumsprozeß sich ausdehnenden Produktionskapazitäten ständig voll auszulasten, so daß die Wachstumsraten der Produktionskapazität (des gesamtwirtschaftlichen Angebotes) ständig denen der effektiven Gesamtnachfrage voraneilten.

Im Hinblick auf diese Diskrepanz zwischen Produktionspotential und Gesamtnachfrage war das Wachstum in den USA nach dem zweiten Weltkrieg *ungleichgewichtig*, was wiederum auf die Unstetigkeit des Wachstumsprozesses zurückgeführt werden muß. So divergierend auch die wachstums- und konjunkturtheoretischen Ansichten der Gegenwart hinsichtlich bestimmter Detailprobleme sein mögen, so besteht doch insoweit Übereinstimmung, daß in der Realität *unstetiges* Wachstum Konjunkturschwankungen und damit *ungleichgewichtiges* Wachstum impliziert. Es kann deshalb auch kein Zweifel daran bestehen, daß bei einem stetigeren Wachstumsverlauf das Beschäftigungsproblem weniger gravierend ist, weil die *konjunkturell bedingten* Fluktuationen der Arbeitslosigkeit entsprechend gemildert werden und bei gleichgewichtigem Wachstum vollkommen eleminiert werden könnten.

Mit der Beseitigung der *konjunkturell* bedingten Arbeitslosigkeit ist jedoch nicht notwendigerweise auch das Beschäftigungsproblem vollständig gelöst, selbst wenn wir in diesem Zusammenhang die *saisonale* und *strukturelle* Arbeitslosigkeit außer Betracht lassen. Aus diesem Grunde ist die Beschäftigungspolitik *nicht* mit der Konjunkturpolitik identisch. Vollbeschäftigung kann auch bei gleichgewichtigem (zyklenfreiem) Wachstum schließlich nur *erreicht* werden, wenn die Wachstumsrate des Sozialproduktes größer als die Zuwachsrate der Erwerbsbevölkerung ist und demgemäß nur erhalten bleiben, wenn die Wachstumsrate nicht unter die der Erwerbsbevölkerung absinkt. Da das Wachstum der Erwerbsbevölkerung im wesentlichen auf das Bevölkerungswachstum zurückgeführt werden kann, ist also in vereinfachter Formulierung zumindest Gleichheit von Wirtschafts- und Bevölkerungswachstum erforderlich.

Konjunkturpolitik ist nun nicht nur, wie das nach unseren bisherigen Ausführungen erscheinen könnte, zur Beseitigung bzw. Verringerung der konjunkturellen Ungleichgewichte in *Rezessions-* und *Dämpfungsphasen* erforderlich, sondern auch in Aufschwungphasen bzw. in „boom"-Perioden (intensiver Konjunkturaufschwung, Hochschwung) unumgänglich. Das Beispiel der Bundesrepublik wie das der meisten europäischen Länder zeigt ja sehr anschaulich, daß Ungleichgewichte zwischen der Wachstumsrate des Produktionspotentials und der gesamten effektiven Nachfrage auch in solchen Hochschwungphasen auftreten können und auch tatsächlich auftreten. Sobald die Vollbeschäftigung einmal erreicht ist, resultiert aus dem Anwachsen der Nachfrage *über* das Wachstum des Produktionspotentials hinaus ein Ungleichgewicht, dessen Manifestation ein Anstieg bzw. beschleunigter Anstieg des allgemeinen Preisniveaus ist. Hält die ungleichgewichtige Entwicklung an oder wird durch die konjunkturelle Entwicklung das Ungleichgewicht sogar verstärkt, dann muß es früher oder später zu einem konjunkturellen Umschwung (Krise) kommen, der den Abschwung (Rezession, Dämpfung) einleitet. Zwecks *Vermeidung* solcher Abschwungphasen hat also die Konjunkturpolitik die wichtige Aufgabe, *Übersteigerungen* des Konjunkturaufschwungs möglichst auszuschließen und ihnen entgegenzuwirken. Wir bezeichnen eine solche vorbeugende Politik in der Hochschwungphase des Konjunkturzyklus als *präventive* Konjunkturpolitik.

Fielen in der Regel in der Zeit vor dem ersten Weltkrieg und noch in der Zwischenkriegsperiode die *Aufschwungphasen* mit *Inflationsperioden* und *die Abschwungphasen* mit *Deflationsperioden* zusammen, so hat sich in der Zeit nach dem zweiten Weltkrieg das Bild insofern gewandelt, als es in den Abschwungphasen nicht mehr — oder nur höchst selten — zu einer Deflation kommt. Vielmehr fallen — wie beispielsweise die Statistik für die Bundesrepublik zeigt — die *Steigerungsraten* des allgemeinen Preisniveaus (Inflation) im Vergleich zu den Verhältnissen in den Aufschwungphasen ab, so daß die *Wachstumsraten des Preisniveaus* einen ähnlichen Rhythmus aufweisen wie die *Wachstumszyklen* des realen Sozialproduktes. Veränderungen im monetären Sektor zeigen also — wenn auch in abgeschwächter Form — nach wie vor im Prinzip den gleichen Konjunkturrhythmus wie die Veränderung der Realgrößen. Dieser Parallelismus ist für die Konjunkturpolitik der Gegenwart auch insofern bedeutsam, als Vorgänge in der monetären Sphäre nicht einfach den konjunkturellen Rhythmus der Realgrößen widerspiegeln, sondern auch ihrerseits das Konjunkturgeschehen positiv oder negativ beeinflussen. Die *Geld-* und *Kreditpolitik* kann deshalb auch in der Gegenwart für Zwecke der Konjunkturstabilisierung mit Erfolg eingesetzt werden, wenngleich auch nachdrücklich darauf hingewiesen werden muß, daß konjunkturelle Stabilität und *Geldwertstabilität* wegen der erwähnten Umstände in der Gegenwart noch weniger als früher gleichgesetzt werden dürfen. Wirtschaftliche Stabilität muß also m. a. W. als ein komplexes Ziel der Wirtschaftspolitik begriffen und behandelt werden, dessen wichtigste Teilziele der Konjunktur- und Geldwertstabilisierung angesichts der „sekulären" Inflation erhebliche Antinomien aufweisen können, die zu wenig befriedigenden Kompromissen in der Geld- und Kreditpolitik zwingen.

Sie sind für die Konjunkturpolitik insofern besonders geeignet, als mit Hilfe der meisten geld- und kreditpolitischen Instrumente *kurzfristig* Wirkungen zu erzielen sind. Mit diesem Hinweis auf die *Kurzfristigkeit* ist gleichzeitig ein wichtiges Unterscheidungskriterium zwischen *Wachstums-* und *Konjunkturpolitik* gegeben: während die Wachstumspolitik vorzugsweise langfristiger Maßnahmen bedarf und entsprechend langfristiger Programme und langer Planungsperioden, ist das Instrumentarium der Konjunkturpolitik ganz überwiegend kurzfristiger Natur; dies um so mehr, als die *Konjunkturzyklen* nach dem zweiten Weltkrieg zeitlich zusammengeschrumpft sind und deshalb eine *gegenzyklische* Konjunkturpolitik heute nur erfolgreich sein kann, wenn Planungs-, Entscheidungs- und Durchführungsphase der Maßnahmen, einschließlich der für die zureichende Entfaltung ihrer Wirkungen benötigten Zeitspanne, sich in zeitlicher Hinsicht in den Konjunkturrhythmus einfügen.

Nach diesen einführenden Bemerkungen wollen wir uns der konjunkturpolitischen Problematik ausführlicher zuwenden, wobei wir im Sinne der modernen Kreislauf- und Einkommenstheorie die verschiedenen Teilströme der *gesamtwirtschaftlichen Nachfrage* als die maßgeblichen wirtschaftspolitischen Ansatzpunkte betrachten und entsprechend untergliedern werden. Auch in diesem Abschnitt können wir aus Raumgründen nicht viel mehr als die Umrisse skizzieren, selbst wenn wir uns auf die wichtigsten Aspekte beschränken. Unter diesen Umständen ist es uns erst recht unmöglich, der *Konjunkturtheorie* separate Ausführungen zu widmen, soweit nicht die wirtschaftspolitische Darstellung eine explizite Beschäftigung mit ihr in dem einen oder anderen Punkt verlangt. Der interessierte Leser sei deshalb auf die einführenden Darstellungen zur Konjunkturtheorie, die das Verständnis unserer nachfolgenden konjunkturpolitischen Ausführungen erleichtern können, in der Publikation über Allgemeine Volkswirtschaftslehre dieser Reihe (Bd. 1172) oder anderen Werken einführenden Charakters verwiesen.

3.2 Die Beeinflussung des privaten Konsums

Wie wir gerade ausführten, steht die Beeinflussung der Gesamtnachfrage und ihrer Teilströme — von denen der *private Konsum* der quantitativ bedeutsamste ist — im Vordergrund der konjunkturpolitischen Bemühungen, während der Beeinflussung des Angebotes durchaus *nachgeordnete Bedeutung* zukommt. Diese weitgehende Konzentration auf die *Nachfrageseite* ergibt sich einerseits aus dem Zwang, innerhalb relativ kurzer Fristen die im *Hochschwung* (boom) auftretenden Ungleichgewichte zwischen Gesamtangebot und Gesamtnachfrage in den kritischen Konjunkturphasen durch die Konjunkturpolitik abzubauen bzw. ganz zu vermeiden; so wünschenswert es unter dem Wachstumsaspekt auch wäre, in dieser Phase das Gleichgewicht durch eine *Anpassung des Wachstums des Produktionspotentials* (beschleunigtes Angebotswachstum) an das Nachfragewachstum zu bewerkstelligen, so schwierig, wenn nicht gar unmöglich, ist ein solches Vorhaben unter Berücksichtigung der relativ kurzen Zeitspannen zu realisieren, innerhalb derer die Angebotsausweitung vollzogen werden muß. Die einzige wichtige Einschränkung dieser Feststellung bezieht sich auf das *Auslandsangebot*, d. h. den Import, der kurzfristig manipuliert werden kann. Da also — von dieser Ausnahme abgesehen — kurzfristig nur die Nachfrage in dem erforderlichen Umfang beeinflußt werden kann, verbleibt praktisch in dieser Phase des Konjunkturzyklus als einziger Ausweg, die Wachstumsrate der Nachfrage zu reduzieren.

Andererseits verlangt die *Depressionsbekämpfung* (Nachfragelücke!) mit Rücksicht auf die Arbeitslosigkeit und die ungenutzte Produktionskapazität zwingend eine *Nachfrageausweitung* zwecks Angleichung der Nachfrage an das höhere Produktionspotential. Und schließlich liegt auch bei der Bekämpfung von Rezessionen und Dämpfungen mit Rücksicht auf die möglichst weitgehende *Abkürzung* dieser Konjunkturphase sowie im Hinblick auf die nach dem zweiten Weltkrieg zu beobachtende *Kurzfristigkeit* dieser Konjunkturphase das Schwergewicht auf der Beeinflussung der Nachfrageseite. Selbstverständlich sollten bei einer solchen *nachfrageorientierten* Konjunkturpolitik die begrenzten Möglichkeiten einer Politik der *Angebotsausweitung* nicht vergessen, sondern genutzt werden, wann immer ihr Erfolg gesichert erscheint.

Aus den dargelegten Gründen liegt also der Hauptakzent der Konjunkturpolitik auf der *gegenzyklischen* Beeinflussung der effektiven Gesamtnachfrage. Diese effektive Gesamtnachfrage kann in verschiedene Komponenten (Ausgabenströme) aufgeteilt werden: in die Nachfrage der Privaten nach Konsumgütern, die Investitionsgüternachfrage der Privaten, die Konsum- und Investitionsgüternachfrage des Staates und die Nachfrage des Auslandes nach Konsum- und Investitionsgütern bzw. Leistungen. Der Einfachheit halber subsumieren wir die Dienstleistungen unter den Begriff des Gutes und bezeichnen die einzelnen Komponenten unserer Aufzählung folgend mit: C_{pr}, I_{pr}, C_{st}, I_{st}, Ex. Die beiden Ausgabenposten des Staates können wir zwecks Vereinfachung zusammenfassen ($C_{st} + I_{st} = A_{st}$) und erhalten damit für die effektive Gesamtnachfrage den Ausdruck:

$$(1) \quad N = C_{pr} + I_{pr} + C_{st} + I_{st} + Ex.$$

$$(1a) \quad N = C_{pr} + I_{pr} + A_{st} + Ex.$$

Die Größenordnungen dieser Teilströme variieren zwar von Volkswirtschaft zu Volkswirtschaft und innerhalb der Wachstumszyklen; in aller Regel kommt jedoch den privaten Konsumausgaben das größte quantitative Gewicht zu. In der Bundesrepublik betrug beispielsweise der Anteil des privaten Konsums am realen Bruttosozialprodukt (in Preisen von 1954) lt. Stat. Jahrbuch 1963 in der Zeit von 1950—1960 zwischen 58,2 % und 61,2 %; bei einem Wert von rd. 331 Mrd. DM für das reale Bruttosozialprodukt im Jahre 1966 belief sich der private Konsum auf absolut rd. 205 Mrd. DM oder rd. 61 % (Stat. Jb. 1967).

So vielversprechend die konjunkturpolitische Beeinflussung der privaten Konsumgüternachfrage im Hinblick auf diese Größenordnungen erscheint, so gering ist doch auf der anderen Seite ihre Beeinflußbarkeit und damit Kontrollierbarkeit im Vergleich zu den *übrigen Nachfragekomponenten;* die Statistik zeigt nämlich deutlich — und dies nicht nur für die Bundesrepublik —, daß eine sehr enge Abhängigkeit zwischen Größe des Sozialproduktes (bzw. Einkommen) und Größe des privaten Konsums besteht. Im Konjunkturverlauf bewegen sich beide parallel, wenngleich auch die Veränderungsraten (Abnahme oder Zunahme) nicht unerheblich differieren. Der Grund für die enge Abhängigkeit liegt in der hohen *Stabilität des Konsumverhaltens* der Bevölkerung (kurzfristig), wodurch die Konsumausgaben in enge Abhängigkeit zum Einkommen geraten. In der Kreislaufanalyse wird der Abhängigkeit des Konsums vom Einkommen dadurch Rechnung getragen, daß der Konsum als eine Funktion des Einkommens ausgedrückt wird:

$$(2) \quad C = C(Y),$$

wobei das Symbol Y das Einkommen bezeichnet. Wird *Konstanz* der marginalen Konsumquote $(\frac{\Delta C}{\Delta Y})$ unterstellt, dann erhält diese Funktion die spezifische Form einer Geraden. Aus der allgemeinen Form für eine lineare Funktion (Gerade): $y = a + bx$ ergibt sich demgemäß für den Konsum:

$$(2a) \quad C = a + c \cdot Y,$$

wobei a einen von der Einkommenshöhe *unabhängigen* Konsumbetrag darstellt (Existenzbedarf) und c die marginale Konsumquote $\frac{\Delta C}{\Delta Y}$, die im Falle der Linearität *konstant ist.* Wie die Erfahrung zeigt, ist diese marginale Konsumquote positiv, aber kleiner als *1,* da die Zunahme des Verbrauchs (ΔC) als Folge der Einkommenssteigerung (ΔY) *geringer als* die Einkommenssteigerung selbst ist. Ein Teil des Zusatzeinkommens wird gespart, wobei sich die Höhe des Sparbetrages aus der *Sparfunktion* ergibt. Unterstellen wir für den Augenblick vereinfachend, daß das Einkommen nur für den Konsum und die Ersparnis verwendet wird:

$$(3) \quad Y = C + S,$$

wobei das Symbol S für das Sparen steht, dann ergibt sich durch Einsetzen der Konsumfunktion (2a) in (3) die Sparfunktion:

$$Y = a + cY + S$$

$$S = Y - a - cY$$

$$(4) \quad S = Y(1-c) - a.$$

In dieser Gleichung stellt der Klammerausdruck (1—c) die *marginale Sparquote* dar, die wegen der Konstanz der marginalen Konsumquote ebenfalls konstant ist. Marginale Konsumquote und marginale Sparquote müssen notwendigerweise zusammen den Wert *1* ergeben (wenn $^4/_5$ aus dem Zusatzeinkommen für Konsumzwecke verausgabt werden, muß der Rest — nämlich $^1/_5$ — gespart werden). Bezeichnen wir die marginale Sparquote 1—c mit s, so ergibt der Kehrwert $\frac{1}{s}$ die Größe des *Multiplikators* (k), der für das Einkommenswachstum als Folge der Ausgabenveränderung bei den Nettoinvestitionen (I) große Bedeutung hat.

Aus dem gerade dargelegten Zusammenhang zwischen Konsum- und Sparfunktion folgt für die Konjunkturpolitik, daß die Beeinflussung des privaten Konsums sowohl *direkt* wie auch *indirekt* über die Beeinflussung der *Ersparnisbildung* möglich ist. Allerdings gelten hinsichtlich der Erfolgsaussichten der *Sparförderung* im Prinzip die gleichen Vorbehalte wie im Falle der direkten Beeinflussung des Konsumvolumens: maßgeblich für Spar- und Konsumvolumen ist die jeweilige Höhe des Volkseinkommens. Vorsichtig ist auch der Versuch zu beurteilen, über eine konjunkturpolitisch zu bewirkende *Verlagerung* der Konsumfunktion die marginale Konsumquote ändern zu wollen, um auf diese Weise bei gegebenem Volkseinkommen zu einer Erhöhung der Konsumausgaben (Zunahme der marginalen Konsumquote) oder Drosselung der Konsumausgaben (Abnahme der marginalen Konsumquote) über das durch eine unveränderte Konsumfunktion vorgegebene Ausmaß hinaus zu gelangen. Unsere Skepsis bezieht sich dabei weniger auf den zeitlichen Aspekt, denn offensichtlich wäre die gewünschte Änderung der makro-ökonomischen Konsumfunktion auch *kurzfristig* zu erreichen, weil die marginalen Konsumquoten *verschiedener Gruppen* von Einkommensbeziehern nicht unerheblich voneinander differieren. Vielmehr liegen die Schwierigkeiten in den politischen Verhältnissen in Massendemokratien begründet: die Einkommensbesteuerung sowie die Einkommensübertragungen müßten der jeweiligen Konjunkturlage angepaßt werden, auch zugunsten der Bezieher hoher Einkommen, falls die marginale Konsumquote gesenkt werden soll. Eine solche Handhabung der *staatlichen* Redistributionspolitik ist erfahrungsgemäß nur innerhalb sehr enger Grenzen möglich.

Der Vollständigkeit halber sei in diesem Zusammenhang eine andere Variante der Redistributionspolitik erwähnt, die in der Bundesrepublik in den Kompetenzbereich der Tarifpartner fällt — die *Lohnpolitik*. Da das Einkommen aus unselbständiger Arbeit überwiegend den Beziehern in den unteren Einkommensgruppen zufließt und umgekehrt das Besitz- und Vermögenseinkommen einschließlich des Unternehmergewinns den Beziehern in den höheren Einkommensgruppen, kann durch Veränderung der *Lohnquote* bei gegebenem Gesamteinkommen (bzw. steigendem Einkommen) die gesamtwirtschaftliche Konsumquote beeinflußt werden. Im Prinzip müßte in der Hochschwungphase eine solche antizyklisch betriebene Lohnpolitik mit dem Ziel der *Senkung* des Niveaus der Konsumfunktion einen durch die empirische Konjunkturforschung belegten Zusammenhang zwischen Wachstumszyklen und Entwicklung der Unternehmergewinne verstärken: in Hochschwungphasen wachsen die Unternehmergewinne stärker als das Gesamteinkommen und die Lohneinkommen entsprechend schwächer, während in der dem Aufschwung folgenden Phase das Verhältnis in den Wachstumsraten sich umkehrt (siehe hierzu auch das Jahresgutachten des Sachverständigenrates 1964/65, S. 71). Da die Wachstumsraten des Masseneinkommens — von denen die wichtigste Komponente das Arbeitseinkommen ist — den stärksten Einfluß auf die Wachstumsraten des privaten Verbrauchs haben, würde auf diese Weise das Wachstum des privaten Konsums gedämpft. So wünschenswert bei isolierter Betrachtung diese Dämpfung der Konsumgüternachfrage zwecks Beseitigung eines Ungleichgewichts in Form eines Nachfrageüberschusses sein mag, so ist doch durchaus zweifelhaft, ob eine solche konjunkturpolitische Maßnahme ein brauchbares Rezept abgeben kann, da ja die Gewinnerhöhung zu einer Ausweitung der *Investitionsgüternachfrage* führt. Wenngleich auch diese zusätzliche Investition im Hinblick auf die Wachstumsrate des Produktionspotentials zweckmäßig erscheint, so darf doch der *Einkommenseffekt* der Zusatzinvestition nicht übersehen werden, der relativ schnell das Einkommen und damit wiederum die Konsumgüternachfrage weiter ansteigen läßt, während die Verbreiterung des Güterstromes als Folge der Zusatzinvestitionen eine bedeutend längere *Ausreifezeit* erfordert. Abgesehen jedoch von diesem Argument und möglichen weiteren Einwendungen, läßt die Tarifautonomie der Parteien am Arbeitsmarkt einer solchen konjunkturpolitischen Redistributionspolitik in der lohnpolitischen Variante wenig Realisationschancen, insbesondere nicht im Hochschwung.

Relativ bescheiden sind bisher auch die Bemühungen in vielen Ländern — so auch in der Bundesrepublik — geblieben, über die gegenzyklische Beeinflussung des *Konsumentenkredits* auf die private Konsumgüternachfrage Einfluß zu nehmen. Nach wie vor zeigen die Veränderungsraten der Konsumkredite ein deutliches *Parallelverhalten* im Konjunkturzyklus, wenngleich auch nichts zuverlässig darüber ausgesagt werden kann, ob die tatsächliche Entwicklung ohne die wirtschaftspolitischen Bemühungen in diesem Bereich nicht noch ungünstiger verlaufen wäre. Wir wollen uns deshalb auch nicht weiter mit der Problematik befassen, zumal da der Konsumkredit ganz überwiegend auf den Erwerb *langlebiger Gebrauchsgüter* beschränkt ist, deren Anteil an den gesamten privaten Konsumausgaben sich in hochentwickelten Volkswirtschaften auf weniger als 20 % stellt.

Wenden wir uns damit der Beeinflussung der Nachfrage durch die *Finanzpolitik* zu, die wir als letzte aus dem Instrumentarium zur antizyklischen Gegensteuerung des privaten Konsums behandeln wollen, weil ihr die vergleichsweise günstigsten Einwirkungsmöglichkeiten eingeräumt werden müssen. Bei dieser fiskalischen Redistributionspolitik ist darauf hinzuweisen, daß das *verfügbare private Einkommen,* das den privaten Einkommensbeziehern effektiv für den Konsum und die Ersparnis zur Verfügung steht, durch Einkommenssteuern und Transfereinkommen (Einkommenszuschüsse) beeinflußt wird. Es ist deshalb einsichtig, daß seine jährlichen Veränderungsraten (Abnahme oder Zunahme) durchaus von den Wachstumsraten des Volkseinkommens abweichen können, wie dies die Statistik für die Bundesrepublik beispielsweise deutlich für die Zeit seit 1950 zeigt.

Infolgedessen ist auch die erwähnte Abhängigkeit zwischen privatem Verbrauch und Volkseinkommen nicht so eng wie die zwischen privatem Konsum und verfügbarem privaten Einkommen. Das wird sofort deutlich, wenn wir darangehen, die Größe des verfügbaren privaten Einkommens aus dem Volkseinkommen abzuleiten: wir erhalten das verfügbare Einkommen der Privathaushalte dadurch, daß wir vom Volkseinkommen diejenigen Posten abziehen, die den Haushalten *nicht* zufließen bzw. aus dem *zugeflossenen* Einkommen *nicht* für den Konsum oder die Ersparnisbildung verwendet werden können und andererseits die Einkommensübertragungen der öffentlichen Hand (und der übrigen Welt) hinzuzählen, die den Haushalten zufließen Führen wir die üblichen Symbole für die Korrekturposten ein, so erhalten wir auf diese Weise für das verfügbare Einkommen der Haushalte:

$$(5) \quad Y_{Hv} = Y_F - G_{unv} - G_{St} - T_{dir} - SV + Tr,$$

wobei Y_{Hv} das verfügbare Einkommen der Haushalte darstellt, Y_F das Volkseinkommen zu Faktorpreisen, G_{unv} die unverteilten Gewinne der Körperschaftsunternehmen, G_{St} die Erwerbseinkommen des Staates aus Unternehmertätigkeit und Vermögen, T_{dir} die direkten Steuern, SV Beiträge zur Sozialversicherung und Tr die Einkommensübetragungen des Staates (im wesentlichen Renten und Pensionen). Wir lassen die Einkommensübertragungen zwischen den Inlandshaushalten und der übrigen Welt wegen ihrer vergleichsweisen Geringfügigkeit unberücksichtigt.

Die Gleichung (5) macht außerdem deutlich, welche Komponenten insgesamt für die Höhe des verfügbaren Privateinkommens von Belang sind, und daß die maßgeblichen Ansatzpunkte für die gegenzyklische Beeinflussung des verfügbaren Haushaltseinkommens und damit für den privaten Konsum bei den *direkten Steuern* und den *Transfereinkommen* liegen. Da die unverteilten Gewinne und die Erwerbseinkommen des Staates (G_{unv} und G_{St}) weitgehendes zyklisches *Parallelverhalten* zeigen, sind die strategischen Größen die Steuereinnahmen (und Einnahmen aus der Sozialversicherung) einerseits und die Einkommensübertragungen des Staates (inkl. der Sozialversicherung) andererseits. Der Saldo zwischen ihnen ($Tr - T_{dir} - SV$) (üblicherweise negativ) kann also geändert werden, wodurch dann gleichzeitig die Höhe bzw. die Veränderungsraten des verfügbaren Haushaltseinkommens im Verhältnis zum Volkseinkommen nach Kürzung um die unverteilten Gewinne und die Gewinne des Staates ($G_{unv} + G_{St}$) verändert wird. Zwecks Dämpfung der Konjunktur in Boomperioden müßte dieser Saldo vergrößert, in Rezessions- und Depressionsphasen entsprechend verringert werden.

Eine solche gegenzyklische Entwicklung von Einnahmen der öffentlichen Hand (inkl. Sozialversicherung) aus direkten Steuern und Transferausgaben findet nun „automatisch" in einem gewissen Umfang über die „built-in-flexibility" des Staatshaushaltes (und der Sozialversicherung) statt (zum Begriff der built-in-flexibility vgl. Kolms, H., Finanzwissenschaft, in dieser Reihe): Einnahmen und Ausgaben der erwähnten Kategorien entwickeln sich im Hochschwung und im Abschwung unterschiedlich in dem Sinne, daß sie als „automatische Stabilisatoren" wirken. Dieser Stabilisierungseffekt kann dadurch verstärkt werden, daß die *Struktur* der Einnahmen und Ausgaben sowie andere Elemente entsprechend umgestaltet werden. Diese einmalige Korrektur kann ergänzt werden durch „ad-hoc"-Korrekturen in dem Sinne der „formula-flexibility", bei der „halbautomatisch" bestimmte und vorher vom Parlament beschlossene gegenzyklische Veränderungen in der Einnahmen- und Ausgabengestaltung von der Regierung in Kraft gesetzt werden, sobald bestimmte Indikatoren der Konjunkturentwicklung die Zweckmäßigkeit ihres Einsatzes anzeigen.

Wir können uns im gegenwärtigen Zusammenhang auf diese mehr kursorischen Bemerkungen beschränken, weil wir in einem späteren Zusammenhang auf diesen Punkt zurückkommen werden. Schließlich sei nochmals ausdrücklich daran erinnert, daß die operative Bedeutung der privaten Konsumausgaben im Vergleich zu den übrigen Komponenten der Gesamtnachfrage bescheiden ist und außerdem die direkten Steuern (inkl. Sozialversicherungsbeiträge) bzw. Transferausgaben der öffentlichen Hand (inkl. Sozialversicherung) nur einen *Teilausschnitt* aus den öffentlichen Gesamtausgaben und -einnahmen darstellen. Die gegenzyklische Beeinflussung des privaten Konsums durch direkte Steuern und Transferausgaben kann deshalb nur Erfolg haben, wenn sie nicht ganz oder teilweise durch eine gegensinnige Entwicklung der übrigen Ausgabenkategorien der öffentlichen Hand (Subventionen, öffentliche Investitionen, staatlicher Konsum) kompensiert werden, die konjunkturgerechte Bildung von Haushaltsdefiziten und -überschüssen zugelassen wird und keine neutralisierenden indirekten Auswirkungen auf die übrigen Nachfragegrößen (private Investition und Export) haben. Außerdem hat die antizyklische Finanzpolitik mit Rücksicht auf einen möglichst hohen Stabilisierungseffekt stets zu entscheiden, welcher *Alternative* bei der Ausgabenvergrößerung bzw. -verringerung der Vorzug gebührt; in dieser Hinsicht konkurrieren mit den Transferausgaben nicht nur die öffentlichen Investitionen und der öffentliche Konsum, sondern auch die privaten Investitionen und der Export, die ebenso wie der Import durch öffentliche Aufwendungen gleichfalls gefördert oder gebremst werden können. Die expansiven oder kontraktiven Wirkungen auf die Konjunktur sind aber bei *gegebenem* öffentlichen Aufwand davon abhängig, für welche der genannten Verwendungen sich die öffentliche Hand entscheidet, weil ihre Multiplikatorwirkung auf das Volkseinkommen differieren kann.

3.3 Die Beeinflussung der privaten Investitionen

Innerhalb der Gesamtnachfrage nimmt in hochentwickelten Volkswirtschaften die private Investitionsgüternachfrage neben dem privaten Konsum, der Nachfrage des Staates und der Auslandsnachfrage einen wichtigen Platz ein; in der Bundesrepublik rangierte sie im Jahre 1963 lt. Gutachten des Sachverständigenrates 1965/66 sogar quantitativ nach dem privaten Verbrauch an zweiter Stelle (rd. 81 Mrd. DM gegenüber 215 Mrd.). Zwar investiert auch die öffentliche Hand, aber ihr Anteil an der gesamten Investitionsnachfrage ist — jedenfalls in der Bundesrepublik — relativ bescheiden. Nach der gerade zitierten Quelle belief er sich im Jahre 1963 auf rd. 17 %, obwohl er in der langfristigen Entwicklung deutlich zugenommen hat (8 % für 1950) und möglicherweise noch weiter zunehmen wird. Angesichts der genannten Größenordnung für das Investitionsvolumen ist der Anteil der privaten Investitionen am Bruttosozialprodukt in der Bundesrepublik — auch im internationalen Vergleich — nach dem zweiten Weltkrieg sehr hoch gewesen (20 % und mehr), was für das starke Wachstum der Wirtschaft in dieser Periode von entscheidendem Gewicht war (Kapazitätseffekt). Zwar fällt in diesem Zusammenhang den *Nettoinvestitionen* der Hauptanteil zu (Kapitalausweitung und Kapitalvertiefung); aber auch die *Ersatzinvestitionen* tragen — worauf wir bereits hinwiesen — insofern zur Angebotssteigerung bei, als der technische Fortschritt zu einem nicht unerheblichen Teil durch den Einsatz des neuen Ersatzkapitals (Ausrüstungsinvestitionen) verwirklicht wird, das deshalb hinsichtlich seiner *Leistungsfähigkeit* dem ausgedienten Kapitalapparat häufig überlegen ist. Der seit 1950 zu beobachtende langfristige Trend der Zunahme des Anteils der Ersatzinvestitionen an den Gesamtinvestitionen (Bruttoinvestitionen) in der Bundesrepublik ist unter Würdigung dieses Gesichtspunktes weniger negativ zu beurteilen als dies zuweilen geschieht.

Obwohl die Nachfrage nach Investitionsgütern im Vergleich zu den privaten Konsumausgaben einen erheblich geringeren Anteil an der Gesamtnachfrage hat, kommt ihr gleichwohl unter konjunkturtheoretischen und insbesondere unter konjunkturpolitischen Gesichtspunkten das größte Gewicht zu. Unter den konjunkturbestimmenden Faktoren stehen die privaten Investitionsausgaben deshalb an erster Stelle, weil sie die größte *Unstabilität* von allen Komponenten der *inländischen Nachfrage* (Gesamtnachfrage ohne Export) aufweisen. Diese Feststellung gilt auch für den Konjunkturverlauf in Form relativ milder Rezessionen und Dämpfungen, wie er für die Bundesrepublik seit 1950 zu verzeichnen ist. Unter diesen Umständen äußert sich die Unstabilität der privaten Investitionen in einer überdurchschnittlichen Beschleunigung bzw. Verlangsamung ihrer Wachstumsraten im Vergleich zu den übrigen Komponenten der Nachfrage bzw. zur Gesamtnachfrage. Im Hinblick auf die Stetigkeit des Wirtschaftswachstums (und damit des Wachstums der Gesamtnachfrage) ist deshalb die *Stabilisierung der Investitionsgüternachfrage* im Wachstumsprozeß als die wichtigste Bedingung zu bezeichnen. Es ist ohne weiteres einsichtig, daß sich die Unstabilität der Investitionsausgaben als Teil der Gesamtnachfrage unmittelbar auf diese — wenn auch in entsprechender Abschwächung je nach dem Anteil der Investitionsausgaben — auswirken muß, es sei denn, diese Entwicklung wird kompensiert oder überkompensiert durch eine entgegengerichtete Entwicklung der übrigen Komponenten der Nachfrage.

Eine solche kompensierende Entwicklung ist aber keinesfalls wahrscheinlich. Im Gegenteil! Wie die empirische Konjunkturforschung schon seit langem nachgewiesen hat, bewegen sich in der Regel Investitionsnachfrage und die übrigen Teilaggregate der Nachfrage innerhalb des Konjunkturzyklus in *gleicher* Richtung, was insbesondere für das quantitativ größte — den privaten Konsum — gilt. Die theoretische Erklärung für dieses konjunkturell *gleichgeschaltete* Verhalten von Investition und privatem Konsum hat die neuere Theorie mit dem *Multiplikatortheorem* geliefert: hiernach übertragen sich Schwankungen der Investitionsnachfrage (in der strengen Fassung nur Nettoinvestitionen) auf die Nachfrage nach Konsumgütern über den *primären Einkommenseffekt* der Investition. Über die Konsumfunktion sind, wie wir bereits weiter oben ausführten, die Konsumnachfrage und ihre Veränderungen an die Höhe des Volkseinkommens und seine Veränderungen gekoppelt. Wachsen also die Investitionsausgaben um einen bestimmten Betrag ΔI, so wächst das Volkseinkommen nicht nur um diesen Betrag ΔI, sondern um einen höheren Betrag, da ja infolge dieses Einkommenswachstums auch die Konsumausgaben ansteigen müssen, was zu einer weiteren Einkommenssteigerung führen muß. Um welchen *Zusatzbetrag* das Volkseinkommen anwachsen wird, hängt von der Größe der marginalen Konsumquote ($c = \frac{\Delta C}{\Delta Y}$) ab, oder was das gleiche besagt, von der marginalen Sparquote ($s = \frac{\Delta S}{\Delta Y}$), die den Wert des Multiplikators k gemäß:

$$k = \frac{1}{s}$$

bestimmt. Der gerade dargelegte Zusammenhang zwischen Investition und Konsum wird an der Bestimmungsgleichung (Entstehensgleichung) für das Volkseinkommen Y deutlich, die wir aus Gründen der Vereinfachung auf die beiden Nachfragegrößen privater Konsum C und Nettoinvestitionen I (autonom) beschränken:

$$(6) \quad Y = C + I$$

oder unter Berücksichtigung von (2a):

$$(6a) \quad Y = a + \frac{\Delta C}{\Delta Y} Y + I$$

Bei einem bestimmten Wert der Nettoinvestitionen (einkommensunabhängig) und der *einkommensunabhängigen* Konsumausgaben a stellt sich also über die gegebene marginale Konsumquote $\frac{\Delta C}{\Delta Y}$ ein bestimmter Wert für die *einkommensabhängigen* Konsumausgaben ($\frac{\Delta C}{\Delta Y} \cdot Y$) ein und damit auch eine bestimmte Höhe des Volkseinkommens Y. Erhöhen sich die Investitionen um den Betrag ΔI, so erhöht sich pari passu das Volkseinkommen sofort um den gleichen Betrag (Primäreffekt). Diese Vermehrung des Volkseinkommens setzt nun einen *kumulativen* (expansiven) Prozeß der Steigerung der Konsumausgaben in Gang (bei Beibehaltung des erhöhten Investitionsvolumens), der über eine Reihe von „Einkommensrunden" schließlich zu dem höheren Gleichgewichtseinkommen führt (Sekundäreffekt). Mit jeder „Einkommensrunde" (Verausgabung eines Teils des jeweils zuwachsenden Einkommens für konsumtive Zwecke und daraus resultierende neuerliche Einkommenssteigerung) wächst das Volkseinkommen mit abnehmenden Beträgen weiter bis es schließlich den durch den Wert des Multiplikators vorgegebenen Zuwachs eines Vielfachen von ΔI erreicht hat, nämlich $k \cdot \Delta I$. Dieses letzte Ergebnis folgt aus unserer Bestimmungsgleichung (6a). Der aus ΔI

resultierende *Gesamteinkommenszuwachs* ergibt sich aus dieser Gleichung gemäß:

$$(6b)\quad \Delta Y = \frac{\Delta C}{\Delta Y} \cdot \Delta Y + \Delta I + \Delta a$$

Da a unverändert bleibt', können wir diesen Teil der Konsumausgaben bei Berechnung des Einkommenszuwachses unberücksichtigt lassen und erhalten durch Umstellung

$$(6c)\quad \Delta Y - \left(\frac{\Delta C}{\Delta Y} \cdot \Delta Y\right) = \Delta I$$

$$(6d)\quad \Delta Y \cdot \left(1 - \frac{\Delta C}{\Delta Y}\right) = \Delta I$$

$$(6e)\quad \Delta Y = \frac{1}{1 - \frac{\Delta C}{\Delta Y}} \cdot \Delta I$$

Das erste Glied des Produktes auf der rechten Seite

$\frac{1}{1 - \frac{\Delta C}{\Delta Y}}$ ist der Multiplikator k, der einfacher unter Berücksichtigung von:

$$1 - \frac{\Delta C}{\Delta Y} = \frac{\Delta S}{\Delta Y} = \text{s auch } \frac{1}{s} = k$$

geschrieben werden kann, so daß sich also der Einkommenszuwachs aus dem um den Multiplikator vervielfachten Investitionszuwachs ergibt:

$$(7)\quad \Delta Y = k \cdot \Delta I$$

Wir haben mit Absicht unsere Darstellung des Multiplikatortheorems auf das äußerste vereinfacht, da es uns nur zur theoretischen Stützung des empirisch zu beobachtenden Zusammenhangs zwischen Investitionsausgaben und Konsumausgaben dienen sollte, nach dem Schwankungen der Investitionsnachfrage auf den Konsum übertragen werden, wobei in der Regel die Konsumnachfrage sich stärker ändert (absolut) als die Investition. Die marginale

Konsumquote liegt nämlich, wie ökonometrische Berechnungen ergeben haben, auch in den hochentwickelten Volkswirtschaften nicht unerheblich über dem kritischen Wert von 0,5 (k = 2), bei dem der Konsum gerade um den gleichen Betrag (absolut) wie die Investition wächst bzw. abnimmt. Da sich in der wirtschaftlichen Wirklichkeit der Arbeitsweise des Mechanismus mancherlei abschwächende Verzögerungen und Friktionen neben verstärkenden Einflüssen entgegenstellen, kann eine zuverlässige Berechnung oder Schätzung des Multiplikatorwertes nur unter Berücksichtigung dieser Einflüsse vorgenommen werden, was verständlicherweise ohne eine erhebliche Erweiterung der Analyse nicht möglich ist.

Neben der Rückwirkung auf den privaten Konsum sind außerdem die *indirekten* Impulse zu berücksichtigen, die von Schwankungen der Investitionsnachfrage auf die übrigen Komponenten der Gesamtnachfrage (Nachfrage des Staates und Auslandsnachfrage) ausgehen bzw. ausgehen können, mit denen wir uns aber aus Raumgründen an dieser Stelle nicht befassen können. Einzubeziehen in die Betrachtung sind schließlich auch die *indirekten* Auswirkungen auf denjenigen Teil der Nettoinvestitionen, die üblicherweise als *induzierte* Investitionen bezeichnet werden; da die daraus resultierende Problematik im Zustand der Vollbeschäftigung, in dem sich viele hochentwickelte Volkswirtschaften — insbesondere die Bundesrepublik — seit Jahren befinden, von besonderer Aktualität ist, müssen wir uns mit ihnen in der gebotenen Kürze befassen. Haben wir die kumulative Übertragung der Schwankung von Investitionsausgaben auf das Volkseinkommen über die Konsumausgaben als ihren *sekundären* Einkommenseffekt bezeichnet, so wären die nun zu besprechenden Wirkungen als *tertiäre* Einkommenseffekte zu bezeichnen, die sich aus dem *Akzelerationsprinzip* ergeben. Mit diesem Beschleunigungsprinzip wollen wir unter Beschränkung auf den Zusammenhang zwischen Konsumausgaben und *induzierten* Nettoinvestitionen (vorzugsweise in der Konsumgüterindustrie) den Sachverhalt bezeichnen, daß Schwankungen der Konsumgüternachfrage bzw. Schwankungen ihrer *Änderungsraten verstärkte* Schwankungen bei den induzierten Nettoinvestitionen mit einem Faktor β (Akzelerator) und *Phasenverschiebung* hervorrufen. Der Wert des Akzelerators wird durch das Verhältnis von Kapitalbestand (K_k) und Ausstoß (P_k) der Konsumgüterindustrie, d. h. durch den Kapitalkoeffizienten $\frac{K_k}{P_k}$, bestimmt:

$$\frac{K_k}{P_k} = \beta.$$

Wird unterstellt, daß die Steigerung der Konsumausgaben eine gleich große reale Ausstoßvergrößerung der Konsumgüterindustrie bewirkt $\left(\frac{\Delta P_k}{\Delta t} = \frac{\Delta C}{\Delta t}\right)$, so setzt bei Vollbeschäftigung diese Ausstoßvergrößerung eine Vergrößerung des Kapitalstockes voraus (induzierte Nettoinvestition), die bei *Konstanz des Kapitalkoeffizienten* (die Annahme ist bei kurzfristiger Betrachtung durchaus zulässig) der Änderung des Konsums *proportional* ist:

$$(8) \qquad I_{ind} = \beta \cdot \frac{dC}{dt}$$

In dieser Gleichung stellt I_{ind} die induzierte Nettoinvestition dar und $\frac{dC}{dt}$ die Veränderung der Konsumausgaben in einem kleinen Zeitintervall (dt). Sie besagt, daß die Produzenten der Konsumgüterindustrie ihren Kapitalstock in jedem Augenblick in einer bestimmten Relation zum Ausstoß halten wollen und ihn deshalb der Änderung der Konsumausgaben durch entsprechende Nettoinvestitionen genau anzupassen wünschen. Wenn Änderungen des Konsums z. B. erst eine Periode später zur Vornahme induzierter Investitionen führen, ist die folgende Differenzengleichung zu verwenden:

$$(8a)\quad I^{ind}_{t_0} = \beta\,(C_{t-1} - C_{t-2}),$$

in der die linke Seite die induzierten Nettoinvestitionen der laufenden Periode t_0 wiedergibt und die rechte Seite die Konsumausgaben der zurückliegenden Perioden t–1 und t–2. Die Differenz $C_{t-1} - C_{t-2}$ ergibt dann die Veränderung der Konsumausgaben. Aus der Gleichung (8) für die induzierten Investitionen folgt nun unmittelbar, daß die induzierten Nettoinvestitionen von Periode zu Periode zunehmen, solange die Konsumausgaben mit *steigender* Rate wachsen und daß die induzierte Nettoinvestition abnimmt, sobald die Wachstumsrate der Konsumausgaben (der Konsum nimmt noch absolut zu!) fällt; sobald also das *Wachstumstempo* der Konsumausgaben abnimmt, fällt die induzierte Nettoinvestition, obwohl die Konsumausgaben absolut noch weiter ansteigen mögen. Bleiben die Konsumausgaben im Zeitablauf konstant, dann verschwinden die induzierten Nettoinvestitionen vollständig und schließlich werden sie *negativ* (induzierte Desinvestition), wenn die Konsumausgaben abnehmen, wobei allerdings in diesem Falle der Wirkung des Akzelerationsprinzips Grenzen in Höhe der jeweiligen Abschreibungen gesetzt sind.

Obwohl hinsichtlich der Wirkungsweise des Akzelerationsprinzips in der wirtschaftlichen Wirklichkeit weitere Einschränkungen und Vorbehalte anzumelden sind, kommt ihm trotzdem für die Schwankungen der Investitionstätigkeit in der Realität ein gewisser Erklärungswert zu, wenngleich auch seine Bedeutung für die einzelnen Kategorien von Investitionen unterschiedlich sein mag. So hat die empirische Konjunkturforschung beispielsweise ergeben, daß sich die Schwankungen in den *Vorratsinvestitionen,* — die von allen Komponenten der Investitionsnachfrage die größte Unstabilität aufweisen — mit Hilfe des Akzelerationsprinzips besonders gut erklären lassen. Der Grund hierfür liegt darin, daß die Produzenten ihre *Lagerbestände* in einer bemerkenswert *stabilen* Relation zum Umsatz halten, wie auch die Untersuchungen des Statistischen Bundesamtes für die Bundesrepublik ergeben haben. Obgleich in langfristiger Betrachtung der Anteil der Vorratsinvestitionen an den gesamten privaten Investitionen infolge erheblicher Rationalisierungsbemühungen in der Lagerhaltung auch in der Bundesrepublik ebenso wie in anderen Ländern nach dem zweiten Weltkrieg *fällt*, so ist doch die Auswirkung des Lagerhaltungszyklus auf das zeitliche Verhalten der gesamten privaten Investitionen immer noch bedeutsam genug. In Dämpfungsphasen mit verlangsamtem Wachstum kann deshalb wegen der Verringerung der Vorratsinvestitionen die private Gesamtinvestition *abnehmen*, obwohl die *Ausrüstungsinvestitionen* und *Bauinvestitionen* weiter wachsen, wie etwa das Jahr 1953 für die Bundesrepublik zeigt: die Ausrüstungs- und Bauinvestitionen (ohne Wohnungswirtschaft) der Unternehmen nahmen in diesem Jahr um 9 bzw. 22,7 % zu (Wachstum!), während die Zunahme der Lagervorräte sich auf nur rd. 40 % des Vorjahres (5,1 Mrd. gegen 1,9 Mrd.) belief. Die Nettoinvestitionen in Form der Vorratsänderung nahmen also im Vergleich zum Vorjahr nicht nur nicht zu, sondern sogar erheblich ab, was zu einer Abnahme der Gesamtinvestition der Unternehmungen gegenüber dem Vorjahr um 6,1 % führte. Die hohe *Unstabilität* der Vorratsinvestitionen mag mit einem weiteren Hinweis auf die Verhältnisse in der Bundesrepublik seit 1950 verdeutlicht werden: während die Ausrüstungs- und Bauinvestitionen der privaten Unternehmungen fortgesetzt — wenn auch mit unterschiedlichen Raten — wuchsen (mit der einzigen Ausnahme der Bauinvestitionen im Jahre 1952), sind für die Vorratsinvestitionen starke zyklische Zu- und Abnahmen zu verzeichnen; in der letzten Dämpfungsphase nahmen sie lt. Gutachten des Sachverständigenrates 1965/66 seit 1960 kontinuierlich um 6,5 Mrd. ab, bis 1963 der Tiefpunkt mit 2,1 Mrd. erreicht war. Außerdem verstärkten über den Akzeleratormechanismus die Vorratsinvestitionen die überdurchschnittliche Beschleunigung und Verlangsamung der Unternehmungsinvestitionen im Wachstumsprozeß, wie das Gutachten 1964/65 des Sachverständigenrates für die Bundesrepublik klar zeigt: einer Abnahme der Unternehmungsinvestitionen im Jahre 1953 von 6,1 % (gegenüber dem Vorjahr) steht ein Zuwachs von 35,9 % für 1955 (zu 1954) gegenüber. Die Zuwachsrate sinkt dann von da ab ununterbrochen bis auf 2,8 % im Jahre 1958, um anschließend wieder auf 24,9 % im Jahre 1960 anzusteigen und abermals ununterbrochen auf 1,3 % im Jahre 1963 abzufallen.

Ziehen wir die wirtschaftspolitischen Konsequenzen aus unseren bisherigen Erörterungen, so muß offensichtlich als der maßgebliche Ansatzpunkt einer antizyklischen Konjunkturpolitik die *private Investitionsnachfrage* wegen ihrer primären, sekundären (Multiplikator) und tertiären (Akzelerator) Effekte auf die Gesamtnachfrage und damit auf Sozialprodukt und Volkseinkommen gelten. Zwar besteht die Möglichkeit, Schwankungen der privaten Investitionen durch gegensinnige Veränderungen der *öffentlichen Investitionen* teilweise zu kompensieren; unter Berücksichtigung ihres relativ bescheidenen Anteils an den Gesamtinvestitionen und der nicht unerheblichen technischen Schwierigkeiten, die sich bei diesem Verfahren ergeben, sind jedoch durchschlagende Erfolge nicht zu erzielen.

Die gegenzyklische Beeinflussung der privaten Investitionsausgaben (Unternehmensinvestitionen und Wohnungsbau) kann deshalb durch die Investitionsausgaben der öffentlichen Hand zwar ergänzt, aber nicht ersetzt werden. Aus diesem Grunde muß in der antizyklischen Investitionspolitik der Hauptakzent auf die gezielte Beeinflussung derjenigen Elemente der *Investitionsplanung* gerichtet werden, die für *Umfang* und *zeitliche Verteilung* der privaten Investitionsvorhaben von Bedeutung sind. Ist die *Investitionsbereitschaft* der Wirtschaftssubjekte genügend groß, weil das Vertrauen in die zukünftige wirtschaftliche Entwicklung vorhanden ist, und stehen Investitionsgelegenheiten (Rationalisierung, technischer Fortschritt) in ausreichendem Maße offen, so kann sich die Wirtschaftspolitik auf die Beeinflussung der zeitlichen Verteilung der Vorhaben beschränken, d. h. die privaten Investoren wären zu veranlassen, ihre Investitionsvorhaben *aufzuschieben* oder *vorwegzunehmen*.

Lassen wir im Zusammenhang mit der antikonjunkturellen Investitionspolitik *mengenmäßige* Investitionskontrollen mit Rücksicht auf die Problematik der Systemkonformität in marktwirtschaftlichen Systemen und andere dirigistische Methoden unberücksichtigt, so stehen im wesentlichen für die Stabilisierungsaufgabe Instrumente aus dem Bereich der *Geld- und Kreditpolitik* und der *Steuer- bzw. Ausgabenpolitik* zur Verfügung. Sowohl im einen wie im anderen Falle ist der maßgebliche Gesichtspunkt, durch eine Veränderung der Kosten der Investitionsvorhaben und/oder ihre zukünftigen Erträge die *Rentabilität* der Projekte zu beeinflussen, wobei eine Ergänzung in der Form von Erleichterungen oder Erschwerungen in der Kreditbeschaffung sowie Maßnahmen zwecks Minderung des Investitionsrisikos (bzw. Erhöhung) nicht ausgeschlossen sind (Kreditgarantien, Bürgschaften, Laufzeiten und Tilgungsbedingungen der Kredite, Abnahmegarantien, Erleichterung oder Erschwerung der Emissionsbedingungen usw.).

Im Falle der *Fremdfinanzierung* der Investitionsvorhaben kommt dem *Zins* als Kostenelement ein erhebliches Gewicht zu, und Zinssatzveränderungen beeinflussen demgemäß die Rentabilität der Projekte. Wird durch Erhöhung des Zinssatzes für langfristigen Kredit die Rentabilität der Investitionsvorhaben unter eine bestimmte Grenze gesenkt, die von Unternehmern und Investoren als traditionelle Mindestrentabilität betrachtet wird, dann unterbleibt die Investition bzw. wird auf einen Zeitpunkt verschoben, zu dem die Kredite zu niedrigeren Zinsen zu erhalten sind. Ist die *Zinselastizität* der Investition hoch genug, dann kann also durch die Kreditpolitik bei hinreichender Änderung der Zinssätze die gegenzyklische Dämpfung und Beschleunigung der privaten Investitionsnachfrage erreicht werden. Allerdings hat die Erfahrung gezeigt, daß in schweren Rezessions- und Depressionsperioden auch die stärksten Zinssatzsenkungen nicht ausreichen, um die private Investitionsnachfrage beachtenswert anzuregen (mit der Ausnahme des Wohnungsbaues); in Hochschwungperioden stehen dagegen die Aussichten für den Erfolg der Kreditpolitik günstiger, sofern die Zinssätze stark genug angehoben werden können. Wie das Beispiel der Bundesrepublik zeigt, ist jedoch bei freier *Konvertibilität* der Währungen und *Multilateralität* des Außenhandels der Handlungsspielraum der kreditpolitischen Instanzen (Bundesbank) in dieser Hinsicht außerordentlich stark eingeschränkt: sobald durch die Zinssatzsteigerung das inländische Zinsniveau beachtlich über das des Auslandes steigt, setzt ein starker Zufluß von Auslandskapital ein, der den Konjunkturaufschwung verstärkt, so daß es über die Außenhandels- und internationalen Kreditbeziehungen durchaus zu einer Situation kommen kann, in der die Zentralnotenbank mit Rücksicht auf den Nettoeffekt den Zinssatz nicht erhöhen kann.

Unter diesen Umständen verbleibt zwecks Stabilisierung der privaten Investitionsnachfrage nicht viel mehr als das *finanzpolitische* Instrumentarium, d. h. bestimmte und gezielte Maßnahmen der *Steuer-* und *Ausgabenpolitik.* Von den verschiedenen Ausgabenkategorien sind für die gegenzyklische Beeinflussung der privaten Investitionen im wesentlichen die *Subventionen* (an Unternehmungen) von Interesse, soweit sie auf die Förderung (Erschwerung) von Investitionsvorhaben ausgerichtet bzw. beschränkt werden können. Werden für die Investitionen beispielsweise *Zinsverbilligung, verlorene Zuschüsse* und *zinsgünstige Darlehen* der öffentlichen Hand gewährt, so kann durch Ausdehnung oder Einschränkung dieser Ausgaben — je nach Umfang des Gesamtvolumens — ein begrenzter Stabilisierungseffekt erreicht werden: der stark durch die öffentliche Hand geförderte private Wohnungsbau in der Bundesrepublik seit 1948 kann hierfür als Demonstrationsobjekt dienen (zusätzlich durch *Abschreibungsmöglichkeiten* nach § 7 EStG gefördert): die Schwankungen der jährlichen prozentualen Wachstumsraten (gegenüber dem Vorjahr) der Investitionen im Wohnungsbau sind nämlich weniger häufig und weniger stark als bei den privaten Ausrüstungsinvestitionen gewesen. Von 1951 bis 1957 fiel die Wachstumsrate der Investitionen im Wohnungsbau ununterbrochen ab von 23,4 % auf 5 %, während die Ausrüstungsinvestitionen 1953 und 1957 ein *Wellentief* im zyklischen Verlauf des Wachstums zu verzeichnen hatten. Im anschließenden Aufschwung (Höhepunkt 1960) erreichten die Ausrüstungsinvestitionen im gleichen Jahr ihre höchste Wachstumsrate mit 19,0 %, während die Investitionen in der Wohnungswirtschaft bereits im Jahr zuvor einen neuerlichen Höhepunkt ihrer Wachstumsrate erreichten (21,2 %). Höchstwahrscheinlich hätte der stabilisierende Einfluß der Wohnungsbauinvestitionen bei stärkerer konjunkturpolitischer Orientierung der Förderungsprogramme, als dies tatsächlich der Fall war, verstärkt werden können. Angesichts des riesigen Wohnungsfehlbestandes in den 50er Jahren wäre zwar eine gegenzyklisch gehandhabte Wohnungsbaupolitik in Hochschwungphasen mit dem Ziel der Dämpfung des Wohnungsbaues kaum vertretbar gewesen; aber schon eine Politik mit dem Ziel mäßiger, aber *kontinuierlich steigender* Wachstumsraten des Bauvolumens hätte einen größeren Stabilisierungseffekt haben können.

Findet also die konjunkturpolitisch orientierte *Subventionspolitik* ihr Manövrierfeld durch die notwendige Berücksichtigung anderer als konjunkturpolitischer Belange je nach Situation mehr oder weniger stark eingeengt, so gilt dies erst recht für die *Steuerpolitik*. Dies zeigt sich deutlich und sehr anschaulich an der *differenzierenden* steuerlichen Behandlung von nichtentnommenen bzw. unverteilten Gewinnen im Vergleich zu den verteilten Gewinnen, die neben der *Abschreibungsgesetzgebung* als das wirkungsvollste Instrument in dem uns hier interessierenden Zusammenhang gelten kann, weil erfahrungsgemäß von den nichtentnommenen Gewinnen ein hoher Teil für die private Investition (Selbstfinanzierung) verwendet wird. Da außerdem dieser Teil der Gewinne im Konjunkturverlauf die stärksten Schwankungen aufweist (hohe Konjunkturreagibilität), kommt es zu einer entsprechenden Unstabilität der selbstfinanzierten Investitionen, die sich ihrem Gewicht entsprechend auf die gesamten privaten Investitionen überträgt. Die gegenzyklische Besteuerung der selbstfinanzierten Investitionen würde demgemäß bei Besserstellung der nichtentnommenen Gewinne gegenüber den ausgeschütteten *variieren* müssen im Sinne der Beseitigung oder des Abbaues der Besserstellung im Hochschwung und Verstärkung im Abschwung. Schon der Hinweis auf die nach dem zweiten Weltkrieg zu beobachtende *Kurzfristigkeit* der Konjunkturphasen und der daraus resultierenden Notwendigkeit, *Steuerbelastungen* und *-entlastungen* in kurzen Abständen und in *ständigem Wechsel* zu praktizieren, zeigt derartige praktische technische Schwierigkeiten, daß dieses Verfahren nur vereinzelt und innerhalb enger Grenzen anwendbar erscheint, von den vielen übrigen Gegenargumenten — auch prinzipieller Natur — ganz zu schweigen.

Bedenken dieser Art sind auch gegen eine *Sondersteuer* für Investitionsvorhaben zu erheben, wenngleich sie auch lange nicht so gravierend erscheinen. Das mag den „Sachverständigenrat" der Bundesrepublik veranlaßt haben, auch in seinem zweiten Jahresbericht der Regierung mit Nachdruck ihre Einführung und konjunkturpolitische Handhabung zu empfehlen. In Hochschwungphasen wären die Steuersätze zu erhöhen, in Abschwungphasen zu senken bzw. mit einer spezifischen *Investitionssubvention* zu kombinieren, wenn die Steuersenkung allein nicht ausreichen sollte. Der große Vorzug einer solchen Regelung läge in der *Elastizität* einer solchen Steuer, die man ihr mit der ausdrücklich zugewiesenen und von der Öffentlichkeit akzeptierten Funktion als konjunkturpolitisches Steuerungselement verschaffen könnte.

Diesen Vorzug größerer Elastizität, wenn auch in geringerem Umfang, kann die gegenzyklische Handhabung der *steuerlichen Abschreibungen* ebenfalls für sich geltend machen. Gegenüber der Gewinnbesteuerung hat sie außerdem den Vorteil, daß eine differenzierende Behandlung von *neuen* Investitionen und bereits getätigten Investitionen möglich ist und auch eine Differenzierung hinsichtlich der verschiedenen *Kategorien* von Investitionsprojekten erfolgen kann. Durch die Änderung der Abschreibungsvorschriften wird der Periodengewinn (nach der Besteuerung) nachhaltig betroffen, so daß durch Änderung der Abschreibungsvorschriften auch die Rentabilität der geplanten Investitionsvorhaben bei entsprechender Ausgestaltung beeinflußt werden könnte. Von den verschiedenen technischen Verfahren, die alternativ oder kombiniert eingesetzt werden können, nämlich Änderung der *Abschreibungssätze* oder *-methoden* bzw. die zeitlich begrenzte Einführung von *Sonderabschreibungen*, verdient das letzgenannte — wie der wissenschaftliche Beirat beim Bundeswirtschaftsministerium noch vor kurzem betont hat — aus einer Reihe von Gründen den Vorzug. Praktische Erfahrungen für alle drei Verfahren konnten in der Bundesrepublik seit 1950 in erheblichem Umfang gesammelt werden, wenngleich auch konjunkturpolitische Zielsetzungen bei den wiederholten Änderungen der Abschreibungsvorschriften keineswegs im Vordergrund der Überlegung standen. Ein Wandel trat erstmals bei Verabschiedung des Gesetzes zur Förderung der Stabilität und des Wachstums der Wirtschaft (Stabilitätsgesetz) im Jahre 1967 ein, als der Gesetzgeber sich dazu entschloß, durch befristete Einschränkung von Abschreibungsmöglichkeiten die Investitionstätigkeit in Hochschwungphasen zu dämpfen und umgekehrt durch Außerkraftsetzung der Abschreibungsbeschränkungen, Gewährung von Sonderabschreibung und erhöhten Absetzungen usw. die Investitionstätigkeit in Abschwungsphasen gegenzyklisch anzuregen.

Ziehen wir das Fazit aus unseren Erörterungen, so ist nochmals hervorzuheben, daß den privaten Investitionen als konjunkturverursachender Faktor die Schlüsselposition zufällt und aus diesem Grunde die Verhütung von Zyklen in ihrem Wachstum die wichtigste Bedingung für die Vermeidung von Konjunkturschwankungen darstellt. Die *Geld- und Kreditpolitik* sowie die *Finanzpolitik* sollten deshalb möglichst konsequent auf die Stabilisierung der privaten Investitionsnachfrage ausgerichtet werden, wobei allerdings an die Leistungsgrenzen dieses konjunkturpolitischen Instrumentariums erinnert werden muß. Bei realistischer Einschätzung seines *Stabilisierungspotentials* werden deshalb in der Regel (von besonders günstigen Bedingungskonstellationen abgesehen) die zyklischen Schwankungen der privaten Investitionsnachfrage zwar verringert, aber nicht völlig beseitigt werden können. Der Umstand, daß es in der Bundesrepublik bisher nicht gelungen ist, die Wachstumsraten dieses Teiles der Gesamtnachfrage auch nur annähernd von Schwankungen freizuhalten, gibt allen Anlaß zu solch vorsichtiger Beurteilung.

3.4 Die Ausgaben des Staates für Güter und Leistungen

In Volkswirtschaften, in denen der Anteil der öffentlichen Hand am Sozialprodukt und Volkseinkommen hoch ist, hat die Ausgabentätigkeit der öffentlichen Hand hinsichtlich ihres *Volumens* und ihrer *Zusammensetzung* einen sehr erheblichen Einfluß auf das Wachstum und seine Stetigkeit und damit auf den Konjunkturverlauf. In der Bundesrepublik ist dieser Anteil (einschließlich Sozialversicherung und Lastenausgleich) im internationalen Vergleich besonders groß, so daß also unabhängig davon, ob der Staat in seiner Ausgabengebarung konjunkturbewußt handelt oder nicht, starke kontraktive oder expansive Impulse auf das Einkommen und sein Wachstum von diesen Ausgaben ausgehen. Aus diesem Grunde ist es ein Gebot der Verantwortung des Staates für die wirtschaftliche Wohlfahrt seines Landes, sich in seiner Ausgabengebarung den konjunkturellen Wellenbewegungen der wirtschaftlichen Aktivität nicht nur *passiv* anzupassen, sondern auch *aktiv* im Sinne einer *gegenzyklischen Beeinflussung der Gesamtnachfrage* und damit des Sozialproduktes und Volkseinkommens tätig zu werden.

Unter den verschiedenen Ausgabenkategorien kommt nun den Ausgaben der öffentlichen Hand für Güter und Dienstleistungen (A_{St}) im Hinblick auf diese Aufgabenstellung ein besonderes Gewicht zu. Dies nicht nur deshalb, weil eine Vergrößerung des Volumens dieser Ausgaben um einen bestimmten Betrag (ΔA_{St}) die Gesamtnachfrage um den gleichen Betrag (und damit das Volkseinkommen) ansteigen läßt (Primärwirkung); vielmehr gehen von dieser Ausgabensteigerung im Prinzip die gleichen *zusätzlichen* Einkommenseffekte (Sekundär- und Tertiärwirkungen) aus wie von zusätzlichen Investitionsausgaben, wie sich aus der modernen Kreislauf- und Einkommensanalyse ergibt. Aus dem Zusatzeinkommen in Höhe der Zusatzausgaben ($\Delta Y = \Delta A_{St}$) werden zusätzliche Konsumausgaben entsprechend der gegebenen Konsumfunktion getätigt und damit wiederum zusätzliche Einkommen gebildet; aus diesem weiteren Einkommenszuwachs resultieren weitere zusätzliche Konsumausgaben in einer zweiten Einkommensrunde usw. Der Multiplikatormechanismus ist also in diesem Falle ebenso wie im Falle der privaten Investition wirksam und auch der Effekt ist der gleiche, wie unsere um A_{St} erweiterte Einkommensbestimmungsgleichung zeigt (ohne Außenhandel):

$$(9) \qquad Y = a + cY + I + A_{St}$$

Gleichgültig, ob wir die privaten Investitionen um einen bestimmten Betrag (ΔI) erhöhen (bei Konstanz von A_{St}) oder die öffentlichen Ausgaben um den gleichen Betrag ($\Delta I = \Delta A_{St}$ bei Konstanz der privaten Investitionsausgaben), in beiden Fällen ergibt sich eine mit dem Multiplikator k vervielfachte Steigerung des Volkseinkommens, wobei wir aus Gründen der Vereinfachung der Argumentation *Konstanz der übrigen Staatsausgaben und -einnahmen* unterstellen.

Die Ableitung für diesen „Ausgabenmultiplikator“ erhalten wir wiederum gemäß:

$$(10) \quad \Delta Y = \frac{\Delta C}{\Delta Y} \cdot \Delta Y + \Delta A_{St} + \Delta a + \Delta I$$

Durch Umstellung und Vernachlässigung von a und I, die annahmegemäß konstant bleiben, ergibt sich:

$$(10a) \quad \Delta Y - \left(\frac{\Delta C}{\Delta Y} \cdot \Delta Y\right) = \Delta A_{St}$$

$$(10b) \quad \Delta Y \left(1 - \frac{\Delta C}{\Delta Y}\right) = \Delta A_{St}$$

$$(10c) \quad \Delta Y = \frac{1}{1 - \frac{\Delta C}{\Delta Y}} \cdot \Delta A_{St} = \frac{1}{1-c} \cdot \Delta A_{St} =$$

$$(10d) \quad = \frac{1}{s} \cdot \Delta A_{St} = k \cdot \Delta A_{St}$$

Unsere Annahme, daß die Zusatzausgaben für Güter und Leistungen ohne Veränderung der übrigen Staatsausgaben und -einnahmen getätigt werden, ist für das gefundene Ergebnis von entscheidender Bedeutung. Der Multiplikatoreffekt muß selbstverständlich *geringer* werden, wenn wegen einer *gleichzeitigen* Erhöhung der Staatseinnahmen, in welchem Zusammenhang in erster Linie die Steuern (T) interessieren, das *verfügbare* Einkommen gemindert wird. Aus einer Steuererhöhung ergibt sich nämlich ein *negativer* Multiplikatoreffekt, der den positiven Effekt des Ausgabenmultiplakators mindert. Entscheidend ist unter konjunkturellen Gesichtspunkten aber der *Netto-Effekt* auf das Volkseinkommen: werden beispielsweise Steuern erhoben, so wird das verfügbare Einkommen (Y_v), das ja die Basis für den privaten Konsum darstellt, um den Steuerbetrag gemindert (der Einfachheit halber lassen wir hier alle sonstigen Teilströme des Einkommenskreislaufes, die die Differenz zwischen Volkseinkommen zu Marktpreisen und verfügbarem Einkommen negativ oder positiv beeinflussen, unberücksichtigt). Für das verfügbare Einkommen erhalten wir dementsprechend, wenn wir das Volkseinkommen zu Marktpreisen (Y_m) als Ausgangsgröße wählen:

$$(11) \quad Y_v = Y_m - T$$

Für die Konsumfunktion $C = C(Y_v)$ erhalten wir dann entsprechend:

$$(12) \quad C = a + c \cdot Y_v$$

oder unter Berücksichtigung von (11):

$$(12a) \quad C = a + c \cdot (Y_m - T)$$

Führen wir nun die Staatsausgaben für Güter und Leistungen in unsere Entstehungsgleichung (6) ein, so folgt:

$$(13) \quad Y_m = C + I + A_{St}$$

Setzen wir (12a) in (13) ein und lösen nach Y_m auf, so erhalten wir:

$$(14) \quad Y_m = a + c\,(Y_m - T) + I + A_{St}$$

$$(14a) \quad = a + c \cdot Y_m - c \cdot T + I + A_{St}$$

$$(14b) \quad Y_m - c \cdot Y_m = a - c \cdot T + I + A_{St}$$

$$(14c) \quad Y_m (1 - c) = a - c \cdot T + I + A_{St}$$

$$(14d) \quad Y_m = \frac{a}{1-c} + \frac{1}{1-c} \cdot I + \frac{1}{1-c} \cdot A_{St} - \frac{c}{1-c} \cdot T$$

Da der letzte Ausdruck

$$(- \frac{c}{1-c} \cdot T)$$

das Produkt aus *negativem* „Steuermultiplikator" und Steuerbetrag darstellt, erhalten wir also die Änderung des Volkseinkommens zu Marktpreisen (bei der unterstellten Konstanz von I und a) aus der Änderung von Staatsausgaben *und* Steuern allein:

$$(15) \quad \Delta Y_m = \frac{1}{1-c} \cdot \Delta A_{St} - \frac{c}{1-c} \cdot \Delta T; \; (\Delta I = \Delta a = 0)$$

Die Gleichung (15) zeigt die *Minderung* des Multiplikatoreffektes einer Ausgabenerhöhung durch den (negativen) Multiplikatoreffekt einer gleichzeitigen Steuererhöhung deutlich auf; werden Steuern und Ausgaben beispielsweise um den gleichen Betrag erhöht ($\Delta A_{St} = \Delta T$), so erhalten wir durch Einsetzen in (15):

$$\text{(15a)} \quad \Delta Y_m = \frac{1}{1-c} \cdot \Delta A_{St} - \frac{c}{1-c} \cdot \Delta A_{St}$$

$$\text{(15b)} \quad = \left(\frac{1}{1-c} - \frac{c}{1-c}\right) \cdot \Delta A_{St}$$

$$\text{(15c)} \quad = \frac{1-c}{1-c} \cdot \Delta A_{St}$$

$$\text{(15d)} \quad = \Delta A_{St}$$

Der „Gesamt-Multiplikator“ hat in diesem Falle den Wert *1* (Haavelmo-Theorem), so daß also unter den gemachten Annahmen das Volkseinkommen zu Marktpreisen bei einer Ausgabenerhöhung *nur* um den Betrag der Zusatzausgaben erhöht wird, wenn die Ausgabenerhöhung *voll* durch zusätzliche Steuereinnahmen finanziert wird.

Dieses Ergebnis ist für die Konjunkturpolitik in mehrfacher Hinsicht von Bedeutung: der expansive (kontraktive) Effekt auf das Volkseinkommen einer bestimmten Erhöhung (Senkung) der Staatsausgaben für Güter und Dienste ist am größten, wenn ein gleich großes Haushaltsdefizit zugelassen wird, sofern der Haushalt vorher ausgeglichen war. Die Politik des jährlichen Haushaltsausgleichs ist demzufolge mit einer möglichst wirksamen antizyklischen Fiskalpolitik unvereinbar; einer der häufig geäußerten Vorschläge der Wissenschaft geht deshalb dahin, den *Budgetausgleich* auf die Länge eines Zyklus (Hochschwung- *und* Abschwungphase) auszudehnen, um Budgetüberschüsse in boom-Perioden und Budgetdefizite in Abschwungperioden zu ermöglichen. Wird die Ausgabenerhöhung durch *Darlehensaufnahme* des Staates finanziert, so ist der Stabilisierungseffekt nur dann ebenso groß wie im Falle eines ungedeckten Defizites, wenn als Folge der

Darlehensaufnahme die übrigen Komponenten der Gesamtnachfrage nicht *gegensinnig* beeinflußt werden; da in der Regel jedoch in der wirtschaftlichen Wirklichkeit eine solche Beeinflussung stattfinden wird, ist im allgemeinen der zu erwartende Stabilisierungseffekt geringer. Für den Netto-Multiplikatoreffekt spielt es ferner keine Rolle (wohl aber für die Änderung des Angebotspotentials), ob die Ausgabenerhöhung auf dem Sektor des staatlichen *Konsums* oder der staatlichen *Investitionen* vorgenommen wird; in beiden Fällen handelt es sich nämlich um *autonome* (von der Höhe des jeweiligen Volkseinkommens unabhängige) Ausgaben, im Gegensatz zu den privaten Konsumausgaben. Über eine Ausgabensteigerung (ΔA_{St}) der öffentlichen Hand sind daher auch *größere* antizyklische Effekte zu erzielen als über eine gleichgroße Erhöhung der Transferzahlungen (Einkommensübertragungen). Der Grund für diese letzterwähnte Differenz liegt darin, daß der zusätzliche Ausgabenbetrag *voll* für den Einkommensschöpfungsprozeß zur Verfügung steht, während von den zusätzlichen Transferzahlungen nur *ein Teil* wieder verausgabt wird (Sparen!) und deshalb auch nur dieser Teil sich einkommensschöpfend auswirken kann. Der Multiplikatoreffekt muß also geringer sein, was anschaulich aus der Formel für den „Transfermultiplikator" hervorgeht, der mit dem Steuermultiplikator identisch ist:

$$k_{Tr} = \frac{c}{1 - c}$$

Der Vergleich mit dem Ausgabenmultiplikator

$$k = \frac{1}{1 - c}$$

zeigt ja, daß bei gegebener Konsumfunktion (und damit gleichem Wert für c), der Wert des Transfermultiplikators um 1 kleiner als der Ausgabenmultiplikator ist.

Aus diesen und weiteren Gründen wird verständlich, daß in der modernen Konjunktur- und Beschäftigungspolitik den Staatsausgaben für Güter und Leistungen als Instrumentvariable eine außerordentlich wichtige Rolle zufällt, deren Bedeutung mit steigendem Anteil am Sozialprodukt ständig weiter wächst. Ein solches langfristiges Wachstum der Ausgaben für Güter und Leistungen ist in der Bundesrepublik — und nicht nur hier — zu verzeichnen: im Zuge des Wachstums des Anteils der öffentlichen Gesamtausgaben am Bruttosozialprodukt von 37 % im Jahre 1950 auf 40 % im Jahre 1964 ist auch der Anteil der Ausgaben für Güter und Leistungen in ungefähr den gleichen Relationen angestiegen, nämlich von rd. 16 % im Jahre 1950 auf rd. 19 % im Jahre 1964. Den absoluten Werten nach erreichten die Staatsausgaben für Güter und Leistungen in dem letztgenannten Jahr den Betrag von rd. 81 Mrd. DM und damit nahezu die Ausfuhr dieses Jahres. Selbstverständlich liegt ihr Anteil an der Gesamtnachfrage (inkl. Ausfuhr) *niedriger* als der Anteil am Bruttosozialprodukt, da ja die Gesamtnachfrage das Bruttosozialprodukt um den Wert der Importe übertrifft.

Das Wachstum des Anteils der Staatsausgaben (A_{St}) am Bruttosozialprodukt impliziert notwendigerweise eine höhere *mittlere* Jahreswachstumsrate als die des Bruttosozialproduktes, wobei die tatsächlichen jährlichen Wachstumsraten (für A_{st}) nicht unerheblich von dem langfristigen Mittelwert abweichen. Auch hinsichtlich der beiden Komponenten der Staatsausgaben — Staatsverbrauch und staatliche Investitionen — sind nicht unerhebliche Abweichungen der durchschnittlichen Jahreswachstumsraten im Vergleich untereinander zu verzeichnen sowie Schwankungen in den jährlichen Wachstumsraten von Staatsverbrauch und staatlicher Investitionen. Für den Konjunkturverlauf sind natürlich diese jährlichen Wachstumsraten von größerer Aussagekraft als die errechneten langfristigen Durchschnittswerte; für die Bundesrepublik zeigt die Statistik in diesem Zusammenhang, daß von den Staatsausgaben (A_{St}) insgesamt seit 1950 ein stabilisierender Einfluß insofern ausging, als (abgesehen von der Rezession 1950—1953) die jährlichen Wachstumsraten relativ geringe Schwankungen bis 1962 aufwiesen, was insbesondere für die staatlichen Konsumausgaben gilt. Maßgeblich zu dieser Entwicklung hat die ständige und starke Vermehrung der Verteidigungsausgaben seit Mitte der 50er Jahre beigetragen. Weniger stetig verlief dagegen das Wachstum der staatlichen Investitionen, von denen Anfang der 60er Jahre rd. neun Zehntel auf Bauinvestitionen entfielen. Die jährlichen Wachstumsraten dieses Teils der Staatsausgaben waren erheblich unstetiger, wobei jedoch infolge *Phasenverschiebungen* auch hier zeitweise Stabilisierungseffekte zu verzeichnen waren (1960 bis 1963) neben destabilisierenden Einflüssen (insbesondere 1955).

Bis in die gerade hinter uns liegende Rezession der Jahre 1966/67 hinein, ist die Ausgabengebarung des Fiskus in der Bundesrepublik seit 1950 auf dem Gebiet der öffentlichen Investitionen ein gutes Demonstrationsbeispiel für eine wenig konjunkturbewußte Ausgabenpolitik (mit expansiven und kontraktiven Effekten zu unerwünschten Zeitpunkten und in unerwünschter Stärke). Obwohl die Regierung bereits 1962 durch einen Stop für öffentliche Bauten und später durch Begrenzung der jährlichen Steigerungsraten der Gesamtausgaben auf die zu erwartende Wachstumsrate des Sozialproduktes im Soll-Haushalt erste vorsichtige Schritte zur konjunkturpolitischen Aktivierung ihrer Fiskalpolitik unternommen hatte. Als sich dann in der Rezession 1966/67 zeigte, daß diese Maßnahmen unzureichend waren und durch eine umfassende gegenzyklische Handhabung der Ausgaben- und Einnahmenseite des Haushaltes bei gleichzeitiger Zulassung von Haushaltsdefiziten und -überschüssen ersetzt werden mußten, wurden mit dem Stabilitätsgesetz die rechtlichen Grundlagen für die Reform der antizyklischen Fiskalpolitik geschaffen. Angesichts der drohenden Gefahr vor einem Abgleiten der Rezession in eine Depression zögerte die Regierung dann auch nicht, von ihren erweiterten Möglichkeiten Gebrauch zu machen, wie bspw. durch die beiden „Eventualhaushalte“ von zusammen mehr als 11 Mrd.

DM bei gleichzeitiger erheblicher Finanzierung dieses Defizits durch die Bundesbank. Zwar ist in den 50er Jahren eine nicht unerhebliche Überschußbildung und Auflösung der Überschüsse erfolgt, die im großen und ganzen konjunkturstabilisierend wirkte (Juliusturm); aber wegen des Fehlens einer konsequenten antizyklischen Ausgabenpolitik war es nur ein glücklicher Zufall, daß die Überschüsse gerade in boom-Perioden anfielen und ihre Auflösung im Verlaufe einer Dämpfungsperiode erfolgte. Die unterschiedliche *Konjunkturreagibilität* von Einnahmen und Ausgaben hatte an dieser Entwicklung maßgeblichen Anteil: die Einnahmen steigen deshalb im Aufschwung in der Regel stärker als die Ausgaben (im Abschwung umgekehrt) —, sofern nicht kompensierende Steuersenkungen und/oder Ausgabenerhöhungen vorgenommen werden. Dieser „Automatismus“ kann selbstverständlich verstärkt werden durch *gezielte* und geplante Bildung von Überschüssen und Defiziten, d. h. durch rechtzeitige und zureichende Senkung der Staatsausgaben und Erhöhung der Steuereinnahmen kurz vor und in den Überhitzungsperioden, Erhöhung der Staatsausgaben und Senkung der Steuereinnahmen im Abschwung und in der Depression. Daß die Überschüsse dabei stillgelegt werden müssen (etwa bei der Zentralnotenbank) und nicht durch Ausleihung wieder in den privaten Konsum oder die private Investition zurückfließen, ist Voraussetzung für den beabsichtigten Stabilisierungseffekt.

Treten die konjunkturellen Schwankungen als Beschleunigung und Dämpfung der Wachstumsraten auf, dann muß dieses „Grundrezept“ der antizyklischen Konjunkturpolitik entsprechend modifiziert werden. Soweit es um die Staatsausgaben für Güter und Leistungen geht, muß zwecks Vermeidung von *Nachfrageüberschüssen* und *Nachfragedefiziten* das Ziel sein, *Ausmaß* und *Tempo* des Wachstums der *Gesamtnachfrage* in Einklang zu bringen mit dem Wachstum des Gesamtangebotes (Produktionspotential), was also eine entsprechende Manipulierung der *Wachstumsraten* der

Staatsausgaben und Leistungen mit oder ohne Phasenverschiebung im Verhältnis zu den übrigen Komponenten der Gesamtnachfrage impliziert. Da eine solche Politik der gesteuerten Anpassung der Wachstumsraten der Nachfrage im Falle der Stetigkeit der Wachstumsraten des *Angebotes* (Investitionen!) sehr viel einfacher zu verwirklichen ist als bei Unstetigkeit des Angebotswachstums, kann die Konjunkturpolitik auf die gleichzeitige stabilisierende *Angebotsbeeinflussung* nicht verzichten, wie gering auch immer die Einwirkungsmöglichkeiten auf die Angebotsentwicklung sein mögen, insbesondere mit Rücksicht auf die erforderliche Kurzfristigkeit jeder wirkungsvollen Konjunkturpolitik.

3.5 Die Beeinflussung des Außenhandelsvolumens

Unsere bisherigen Ausführungen haben deutlich werden lassen, daß eine schlagkräftige Konjunkturpolitik der *Kombination* sämtlicher Instrumente der *Geld-* und *Kreditpolitik* sowie der *Finanzpolitik* bedarf, soweit sie konjunkturpolitische Zieladäquanz aufweisen; nur bei einer *umfassend* betriebenen Konjunkturpolitik besteht begründete Hoffnung, die Wachstumszyklen soweit zu eliminieren, daß der tatsächliche Wachstumspfad einer Volkswirtschaft weitgehend mit ihrem berechneten Wachstumstrend zusammenfällt.

Aus dieser Einsicht ergibt sich selbstverständlich die Notwendigkeit, nicht bei dem Instrumentarium der Geld- und Kreditpolitik sowie der Finanzpolitik haltzumachen, sondern auch das Instrumentarium der übrigen Bereiche der Wirtschaftspolitik konsequent für die Konjunkturstabilisierung einzusetzen, soweit dies erfolgversprechend erscheint. Unter diesen Gesichtspunkten verdient nun die *Außenhandelspolitik* eine spezifische, wenngleich auch begrenzte Beachtung. Die Begrenzung ergibt sich im wesentlichen daraus, daß die Außenhandelspolitik aus der Natur der Sache heraus nach *langfristiger* wirtschaftspolitischer Planung verlangt. Da jedoch gleichzeitig ein enger Funktionalzusammenhang zwischen der Entwicklung des Außenhandels und dem Konjunkturzyklus existiert, auf den wir bereits verschiedentlich mit unserem Hinweis auf den Export als Komponente der volkswirtschaftlichen Gesamtnachfrage aufmerksam machten, sieht sich deshalb die Konjunkturpolitik mit Mitteln der Außenhandelspolitik vor ein gewisses Dilemma gestellt. Diese verfahrensmäßigen Schwierigkeiten werden auch nicht dadurch entscheidend gemildert, daß die konjunkturell interessierende Größe, der *Netto-Export*, d. h. der um den *Import* verringerte Export, ist und dementsprechend die gegenzyklisch zu handhabende Außenhandelspolitik auch die wirtschaftspolitisch gezielte *Beeinflussung der Importe* einschließt. Sowohl über den Export wie auch den Import ist nämlich der inländische Einkommenskreislauf mit den Einkommenskreisläufen der Handelspartner zusammengeschlossen (aus Gründen der Vereinfachung lassen wir die Kapitalbewegungen und die Einkommensübertragungen im internationalen Wirtschaftsverkehr unberücksichtigt). Über den Export fließen Teile der ausländischen Einkommensströme *verstärkend* in den inländischen Einkommenskreislauf ein, während über den Import ein Teil des inländischen Einkommens abfließt. Gleichzeitig wird das im Inlandsmarkt effektive Gesamtangebot durch importierte Güter und Leistungen vergrößert, während es durch den Export von Gütern und Leistungen verringert wird. Da der Export maßgeblich vom Einkommen des Auslandes abhängt und nicht von der Höhe des Inlandseinkommens, kann der Export als eine autonome (einkommensunabhängige) Größe ebenso wie die Investitionen und die Staatsausgaben für Güter und Leistungen behandelt werden, so daß sich ein *Exportzuwachs* ebenso wie ein Zuwachs der übrigen *autonomen* Teilströme des Volkseinkommens *multiplikativ* auf das Volkseinkommen auswirkt (Exportmultiplikator). Dieser Multiplikatoreffekt der Exporte muß allerdings niedriger als der einer gleichgroßen Nettoinvestition (oder A_{St}) in einer geschlossenen Volkswirtschaft (ohne Außenhandel) sein, weil ja ein Teil des Einkommens über den Import abfließt, der seinerseits maßgeblich von der Höhe des Volkseinkommens und der *marginalen Importquote*

$$m = \frac{\Delta Im}{\Delta Y}$$

abhängt. Diese marginale Importquote ist positiv und kleiner als *1*; betrachten wir den Import selbst als eine Funktion des Volkseinkommens

$$Im = Im(Y),$$

ebenso wie den privaten Konsum, dann kann die Funktion auch in der speziellen Form:

$$(16) \qquad Im = a_i + m \cdot Y$$

geschrieben werden, wenn wir aus Gründen der Vereinfachung Linearität für die Importfunktion unterstellen. Das Symbol a_i steht dabei für den von der Höhe des Volkseinkommens *unabhängigen* Teil der Importausgaben. Für das Einkommen in einer offenen Volkswirtschaft mit Außenhandelsbeziehungen muß unsere Bestimmungsgleichung für das Volkseinkommen in:

$$(17) \qquad Y = C + I + (Ex - Im)$$

abgewandelt werden, wobei Ex als Abkürzung für den Export steht und von der Berücksichtigung der Staatstätigkeit aus Gründen der Vereinfachung abgesehen werden kann. Unter Verwendung von (2a) für die Konsumfunktion und (16) für die Importfunktion erhalten wir durch Einsetzen:

$$(17a) \qquad Y = a + c \cdot Y + I + Ex - (a_i + m \cdot Y).$$

Entwickeln wir (17a) nach Y, dann ergibt sich:

$$(17b) \qquad Y = \frac{a - a_i}{1 - c + m} + \frac{1}{1 - c + m} \cdot I + \frac{1}{1 - c + m} \cdot Ex$$

Der Ausdruck:

$$\frac{1}{1 - c + m} = k_a$$

ist, wie wir sofort erkennen, der „Außenhandelsmultiplikator", der im Nenner um die Größe m (marginale Importquote) im Vergleich zu dem üblichen Multiplikator

$$k = \frac{1}{1 - c}$$

geändert ist.

Die Erhöhung des Volkseinkommens als Folge einer Erhöhung der Exporte um ΔEx ergibt sich aus der nach Y entwickelten Einkommensgleichung (17b). Da die Nettoinvestition und der *einkommensunabhängige* Teil des privaten Konsums sowie des Importes a_i unverändert bleiben, entfallen die beiden ersten Glieder auf der rechten Seite der Gleichung und wir erhalten demgemäß für die Einkommensänderung:

$$(18) \quad \Delta Y = \frac{1}{1 - c + m} \cdot \Delta Ex = \frac{1}{s + m} \cdot \Delta Ex = k_a \cdot \Delta Ex$$

Um Mißverständnisse zu vermeiden, muß darauf hingewiesen werden, daß in einer *offenen* Volkswirtschaft (mit Außenhandelsbeziehungen) der Multiplikatoreffekt einer Exportsteigerung um einen bestimmten Betrag *nicht* von dem einer gleichgroßen Investitionssteigerung abweicht, wenn gemäß unserer Unterstellung nur *autonome* Exporte berücksichtigt werden, deren Höhe also nicht von Veränderungen des Volkseinkommens in den *ausländischen* Partnerländern (über deren Importfunktion) beeinflußt werden; aus unserer nach Y entwickelten Bestimmungsgleichung (17b) ist ja zu entnehmen, daß der Quotient vor den Investitionen (I) und dem Export (Ex) der gleiche ist und dieser Quotient ist gemäß (18) der zugehörige Multiplikator. Werden jedoch die in der Realität zu beobachtenden *induzierten* Exporte mitberücksichtigt, dann werden wegen der dieserhalb notwendigen Erweiterung der Multiplikatorformel in der Regel *unterschiedliche* Multiplikatoreffekte auftreten. Daß bei den Überlegungen zur Frage der kontraktiven (expansiven) Effekte von Exportveränderungen stets auch die Importe mit zu berücksichtigen sind, ergibt sich schon aus der ex-post-Gleichung (17) für das Volkseinkommen, in der der Ausdruck in der Klammer den *Exportüberschuß* (bzw. das Exportdefizit) darstellt; nur für den Fall, daß sich im Zuge einer Exportsteigerung der *Exportüberschuß* erhöht, steigt das Einkommen und umgekehrt.

Der Sachverhalt, daß die Einkommenskreisläufe der Partnerländer des Welthandels über den Außenhandel miteinander verbunden sind, führt bei festen Wechselkursen mit einer gewissen Zwangsläufigkeit zur *Übertragung* der Konjunkturschwankungen und zu gegenseitiger konjunktureller Beeinflussung. Diese Beeinflussung kann so stark sein, daß es zu einer *Synchronisation* des Konjunkturverlaufs in den Partnerländern kommen kann; die Weltwirtschaftskrise der 30er Jahre ist hierfür das eindrucksvollste Beispiel. Aber auch für die Zeit nach dem zweiten Weltkriege zeigt die Statistik noch deutlich bis 1958 diese zeitliche Gleichschaltung — wenngleich auch in weniger strenger Form. Seit diesem Zeitpunkt ist das Konjunkturbild uneinheitlicher geworden, und es wäre höchst wünschenswert, wenn diese Entwicklung weiter anhielte, wie das Beispiel der Jahre 1958 folgende zeigt: während die USA (wichtigstes Partnerland im Welthandel) von 1959 bis 1960 eine nicht unerhebliche Rezession erlebten, hielt der Hochschwung in Frankreich, Deutschland und Großbritannien weiter an (Wendepunkt in allen drei Fällen 1960), wodurch die Rezession in den USA gemildert wurde. Ein ähnlicher Verlauf war in der BRD während der Rezession 1966/67 zu beobachten: in den wichtigsten Partnerländern, insbesondere Italien, Frankreich und den USA war während dieser Phase kräftiges Wachstum zu verzeichnen, was nicht unerheblich die Rezession in der BRD bezüglich Länge und Schwere gemildert hat.

Die *Stärke*, mit der die Konjunkturimpulse eines Landes auf die übrigen Länder übertragen werden, hängt maßgeblich von der *Größe* seines Anteils am Welthandel und von seiner *Importquote* ab. Über den Import (der sich gleichsinnig mit dem Volkseinkommen ändert) wirkt sich das Einkommenswachstum (bzw. Abnahme) auf die übrigen Partnerländer anregend (dämpfend) aus, indem es die dortigen Einkommensströme verstärkt und verbreitert (bzw. verringert); je höher die Importquote, um so größer ceteris paribus der Übertragungseffekt. In diesem Zusammenhang ist auf das Beispiel der USA hinzuweisen, deren hoher Anteil am Welthandel zusammen mit einer beachtlichen Einkommenselastizität ihres Importes dazu führt, daß Konjunkturschwankungen fühlbar auf die Partnerländer übertragen werden können; da die Bundesrepublik ihren Anteil am Welthandel (gemessen an den Importen) in der Zeit von 1955—1965 von 6,6 % auf 10,1 % steigern konnte und sich damit dem Anteil der USA erheblich angenähert hat (1965 13,1 %), gilt diese Feststellung mit entsprechender Abschwächung auch für sie.

Selbstverständlich gilt das Argument mit entsprechender Modifikation auch in umgekehrter Richtung; je größer die außenwirtschaftliche Verflechtung eines Landes, gemessen durch den Anteil seines Exportes am Bruttosozialprodukt, ist, um so stärker wird sein Exportvolumen (absolute Veränderungen und prozentuale Wachstums- bzw. Abnahmeraten) ceteris paribus durch die Schwankungen des Volkseinkommens in den Partnerländern beeinflußt, da auch die *induzierten* Exporte *Importe* der Partnerländer darstellen. Ziehen wir wieder als Beispiel die Bundesrepublik heran, deren *Exportanteil* am Bruttosozialprodukt unter den großen *Industrienationen* der westlichen Welt der zweitgrößte (1964 rd. 20 %) nach Großbritannien ist, dann läßt sich aus der Statistik leicht ablesen, daß beschleunigtes Wachstum des Exportes zeitlich häufig mit Hochschwungphasen bei den wichtigsten Handelspartnern zusammenfiel. Das beschleunigte Wachstum der Nachfrage im Zuge des Hochschwungs in diesen Ländern führte zu einer entsprechenden Ausdehnung ihrer Importe und damit zur gleichsinnigen Veränderung der deutschen Exporte. Die *Veränderungsraten* der Auslandsnachfrage müssen deshalb für ein Land wie die Bundesrepublik als wichtiger konjunkturbeeinflussender und -auslösender Faktor gelten. Wie das Gutachten des Sachverständigenrates 1964/65 ausführt, ging in der Bundesrepublik den vier Aufschwungphasen seit 1950 mit hohen Wachstumsraten des Bruttosozialproduktes entweder ein beschleunigtes Wachstum des Exportvolumens zeitlich voraus oder es fiel beides zusammen. Die Abhängigkeit der zeitlichen Entwicklung des Exportvolumens von der Auslandskonjunktur wird im Falle der Bundesrepublik noch verstärkt durch die besondere *Struktur* ihres Außenhandels: der Exportanteil der *Investitionsgüterindustrie* am Gesamtexport beträgt mehr als 50 %; nun ist es aber ein Charakteristikum der Investitionen, wie wir gesehen haben, daß sie im Verlaufe des Konjunkturzyklus besonders starken Schwankungen unterliegen. Konjunkturschwankungen in den Partnerländern der Bundesrepublik müssen sich also wegen des hohen Anteils der Investitionsgüter an der Auslandsnachfrage besonders gravierend auf die Bundesrepublik auswirken.

Auf dem Hintergrund der geschilderten Zusammenhänge und Sachverhalte müssen die Bemühungen um eine Stabilisierung des Wachstums der Auslandsnachfrage, d. h. ihre gegenzyklische Beeinflussung durch Instrumente der Außenhandelspolitik beurteilt werden, um zu einer realistischen Einschätzung der sich hier darbietenden Möglichkeiten zu gelangen. Sicherlich ist es nicht so, daß der Konjunkturverlauf im Ausland der *einzige* Bestimmungsfaktor für das zeitliche Verhalten des heimischen Exportvolumens ist (die Konjunktur- und Außenhandelspolitik des Auslandes eingeschlossen); aber ebenso sicher kommt ihm bei enger außenwirtschaftlicher Verflechtung eines Landes entscheidendes Gewicht zu. Andererseits kann dieser Umstand natürlich kein Anlaß für die heimische Wirtschaftspolitik sein, zu resignieren und auf eine *aktive Einflußnahme* durch den Einsatz geeigneter Maßnahmen zu verzichten. Fragen wir uns, welche Instrumente (unter Berücksichtigung des erforderlichen *kurzfristigen* Einsatzes und der kurzfristig zu erzielenden Wirkungen) in Frage kommen, so sind auch hier wieder in erster Linie die *Geld- und Kreditpolitik* (und *Währungspolitik*) sowie die *Finanzpolitik* zu nennen. Die Finanzpolitik kann durch steuerliche *Be-* und *Entlastungen* der Exporte auf das Wachstum der Auslandsnachfrage dämpfend oder anregend einwirken. Werden öffentliche *Kredite* für den Export bereitgestellt und öffentliche *Kreditgarantien* oder *Bürgschaften* übernommen, so kann die Finanzpolitik auch durch Änderung ihres Volumens und/oder der *Bedingungen* gegenzyklische Effekte auslösen. Der Umfang, in dem von der Steuer- und Subventionspolitik sowie von den übrigen Möglichkeiten Gebrauch gemacht werden kann, hängt neben anderem nicht unmaßgeblich von den handelsvertraglichen *Bindungen* oder sonstigen *internationalen Vereinbarungen* ab, die den zwischenstaatlichen Wirtschaftsverkehr betreffen (EWG, EFTA, GATT, Montanunion usw.). Die hieraus resultierenden Einschränkungen des Handlungsspielraums der Finanzpolitik können so groß werden, daß die erwähnten und andere Instrumente praktisch bedeutungslos werden.

Die *Geld-* und *Kreditpolitik* ist zwar kein *spezifischer* d. h. auf die Beeinflussung des Außenhandels und insbesondere des Exports beschränkter Bereich der Konjunkturpolitik; gleichwohl kommt ihr insbesondere bei *Vollbeschäftigung* auch für den Außenhandel dann erhebliches Gewicht zu, wenn im Zuge der boom-Phasen des Zyklus die *Inflationsraten* in den einzelnen Volkswirtschaften voneinander differieren und gleichzeitig die Wechselkurse fixiert sind. Das Land mit den niedrigeren Inflationsraten wird in solchen Hochschwungsphasen zu einem *relativ billigen Bezugsland* für die ausländischen Importeure, so daß die Auslandsnachfrage noch *zusätzlich* gerade dann verstärkt wird, wenn sie wegen hoher Wachstumsraten im Ausland ohnehin beschleunigt zunimmt; kommt es dann schließlich zu einer (verzögerten) Anpassung der Inflationsrate in dem Land (importierte Inflation), dessen Exportpreise zeitweise nachhinken, dann entfällt selbstverständlich der zusätzliche Beschleunigungseffekt auf die Auslandsnachfrage.

Auch für diesen Aspekt des internationalen Konjunkturzusammenhangs bietet die Bundesrepublik ein gutes Anschauungsbeispiel. Ein solcher Beschleunigungseffekt ist offensichtlich bei festen Wechselkursen nur dann zu vermeiden, wenn die Geld- und Kreditpolitik eines Landes eine Geldentwertung zuläßt, die hinsichtlich ihres Ausmaßes, Tempos und Rhythmus *parallel* mit der des Auslandes verläuft. Die Bundesrepublik hat aus verständlichen Gründen diesen Weg nicht gewählt, sondern sich der andernfalls schwer zu vermeidenden inflationären Anpassung durch eine *Wechselkursänderung* (Aufwertung) im Jahre 1961 entgegengestellt. Da im Regelfall eine Aufwertung den Einkauf für den ausländischen Importeur um den Prozentsatz der Aufwertung verteuert (bei Abwertung verbilligt), ist selbstverständlich der *Aufwertungssatz* in diesem Zusammenhang von Bedeutung. Der von der Bundesrepublik gewählte Satz von 5 % hatte hinsichtlich der Dämpfung des Wachstums der Auslandsnachfrage nur bescheidenen Erfolg, obgleich die mit der Aufwertung verbundene *Verbilligung* der heimischen Importe aus dem Ausland den Handelsüberschuß von der anderen Seite her zu vermindern tendierte.

Bleiben die Inflationsraten nach der Wechselkursänderung weiter unterschiedlich, dann wird sich schließlich nach Ablauf einer relativ kurzen Frist der *Dämpfungseffekt* der Wechselkursänderung erschöpfen, und eine weitere Wechselkurskorrektur ist unumgänglich: aus Gründen, die wir hier nicht weiter erörtern können, verbieten sich jedoch wiederholte und in relativ kurzen Zeitabständen erfolgende Wechselkurskorrekturen, so wünschenswert die Elastizität der Wechselkurse unter konjunkturpolitischen Gesichtspunkten auch erscheinen mag. Berücksichtigen wir außerdem, daß *Abwertungen* in Rezessions- und Depressionsphasen zwecks Belebung der Auslandsnachfrage leicht zu *Gegenabwertungen* in Ländern führen können (Abwertungskonkurrenz), die ebenfalls von einer Depression betroffen sind, so wird verständlich, daß die Wechselkurspolitik kein Instrument der Konjunkturstabilisierung von zureichender Geeignetheit abgeben kann, was die Möglichkeiten seines *laufenden* und *wechselnden* Einsatzes (Abwertung und Aufwertung) betrifft. Diese Feststellung schließt keineswegs aus, daß Wechselkursänderungen mit konjunkturpolitischer Zielsetzung sinnvoll sein können, sofern sie *selten* erfolgen. Insoweit handelt es sich also um eine Instrumentvariable, deren Einsatz auf lange Zeit blockiert ist (unter Berücksichtigung der Kurzfristigkeit der Zyklen), sobald einmal von ihr Gebrauch gemacht worden ist.

Als Ausweg aus den Schwierigkeiten stünde zwar die *Freigabe der Wechselkursbildung* offen (flexible Wechselkurse), die der Sachverständigenrat in seinem Jahresgutachten 64/65 nachdrücklich dem Parlament nahegelegt hat. Wie jedoch die sehr lebhafte Diskussion dieses Vorschlages gezeigt hat, stehen seiner Realisierung *internationale Verträge* entweder entgegen bzw. wäre sie nur schlecht mit einer Reihe von internationalen Abmachungen zu vereinbaren, so daß zur Lösung des Dilemmas nur die Hoffnung auf eine international abgestimmte Geld- und Kredit- und Währungspolitik verbleibt, die der Erhaltung des Geldwertes auch *faktisch* einen hohen — wenn nicht den höchsten — Rang unter den Hauptzielen der Wirtschaftspolitik einräumt.

4. Einkommensverteilungspolitik

4.1 Allgemeines

Wir wiesen bereits in der Einleitung dieses Bandes darauf hin, daß das Postulat der sozialen Gerechtigkeit seinen wichtigsten Aspekt in der *Gerechtigkeit der Einkommensverteilung* findet, wobei in diesem Zusammenhang in erster Linie die sogenannte *personelle* Einkommensverteilung interessiert, d. h. die Aufteilung des in einer Periode entstandenen Volkseinkommens auf die Individuen und Gruppen der Gesellschaft. Von dieser personellen Einkommensverteilung ist die *funktionelle* Einkommensverteilung zu unterscheiden, die die Verteilung des Volkseinkommens auf die *Produktionsfaktoren* (inkl. Unternehmertätigkeit) und damit auf die verschiedenen Einkommensarten (Kategorien): Lohn, Zins, Grundrente und Unternehmergewinn zum Gegenstand hat. Da die „Faktoreinkommen“ ebenso wie der Unternehmergewinn *Personen* zufließen — entweder den Besitzern der Produktionsfaktoren (Arbeit, Boden, Kapital) oder den Unternehmern — stellen funktionelle und personelle Verteilung nur zwei verschiedene Aspekte des *Verteilungsprozesses* dar, der in einer Marktwirtschaft insofern „automatisch“ abläuft, als durch die Preisbildung an den Faktormärkten bzw. den Güter- und Leistungsmärkten die Höhe des *Entgeltes je Faktoreinheit* (Lohn-, Zins- und Grundrentensatz) und des Unternehmergewinnes festgelegt werden (funktionelle Verteilung); in Verbindung mit der jeweiligen *Verteilung des Besitzes an den Produktionsfaktoren* ergibt sich so aus dem Preisbildungsprozeß eine bestimmte personelle Einkommensverteilung auf die am Produktionsprozeß Beteiligten, ohne daß es des Tätigwerdens einer besonderen Einrichtung zur Verteilung des gemeinsam erwirtschafteten Volkseinkommens bedarf. Das Ergebnis ist die „primäre“ Einkommensverteilung.

Sie ist insofern vorläufiger Natur, als sie durch *Einkommensübertragungen* verschiedener Art mehr oder weniger stark geändert werden kann und auch faktisch geändert wird; an die Phase der primären Einkommensverteilung wird sozusagen ein Prozeß der „sekundären“ Einkommensverteilung angehängt, durch den die *personelle* Einkommensverteilung in ihre endgültige Form überführt wird. Sehen wir von den nicht ins Gewicht fallenden *freiwilligen* Einkommensübertragungen ab, dann bedarf es für die *Einkommensumverteilung* des Tätigwerdens besonderer Träger und Gemeinschaftseinrichtungen (Staat, Sozialversicherung u. ä. m.), die durch Erhebung von Zwangsabgaben und Transferzahlungen (bzw. Subventionen) die gewünschte Umverteilung der *Geldeinkommen* herbeiführen. Der Hinweis auf die Redistribution der Geldeinkommen ist in diesem Zusammenhang deshalb von Wichtigkeit, weil Einkommensübertragungen auch in *Naturalform* praktiziert werden können und auch in hochentwickelten Volkswirtschaften in beachtlichem Umfang praktiziert werden: fassen wir das Naturaleinkommen als die Güter und Leistungen auf, die einem Wirtschaftssubjekt pro Periode zufließen, dann kann offensichtlich das Realeinkommen eines Wirtschaftssubjektes (bei konstantem Geldeinkommen) auch durch zusätzliche Bereitstellung von Gütern und Leistungen, die für die Deckung individuellen und kollektiven Bedarfes geeignet sind, erhöht werden. In entwickelten Volkswirtschaften stellt nun der Staat (und andere Gemeinschaftseinrichtungen) in einem erheblichen Umfang solche Güter und Leistungen zur individuellen und kollektiven Bedarfsdeckung bereit, so daß über die Verteilung dieses Realeinkommensstromes nicht unerhebliche zusätzliche Redistributionseffekte erzielt werden können. Aus Raumgründen können wir in unserer Darstellung aber auf diese Redistribution in Naturalform nicht weiter eingehen und begnügen uns deshalb mit diesem Hinweis.

Mit dieser thematischen Einschränkung können wir die *Einkommensverteilungspolitik* als die Summe aller Maßnahmen definieren, durch die die *personelle* Verteilung der Geldeinkommen wirtschaftspolitisch beeinflußt werden soll, wobei als *Zielsetzung* mit Rücksicht auf die uns hier interessierende soziale Gerechtigkeit die jeweilige Vorstellung des Trägers der Wirtschaftspolitik über die *Gerechtigkeit der Einkommensverteilung* auftritt. Die Realisierung dieser Zielsetzung soll den Individuen und Gruppen der Gesellschaft einen als gerecht empfundenen Anteil an der Vermögensbildung (Ersparnis, Investition) und am Konsum (Lebensstandard) ermöglichen. Mit Rücksicht auf diese Zielsetzungen stark *sozialpolitischen* Charakters besteht ein *enger Zusammenhang zwischen Verteilungs- und Sozialpolitik*, der zu einer weitgehenden Überschneidung der beiden Bereiche führt. Zwar erschöpft sich die Sozialpolitik nicht in verteilungspolitischen Maßnahmen; aber sehr viele und wichtige sozialpolitische Maßnahmen tragen in zumindest *instrumentaler* Hinsicht verteilungspolitischen Charakter.

Zwischen den verteilungs- und sozialpolitischen Zielsetzungen besteht deshalb nicht nur weitgehende *Harmonie,* sondern auch beachtliche Deckungsgleichheit. Diese weitgehende Kongruenz liegt hinsichtlich der übrigen Zielsetzungen, denen die Umverteilung der Einkommen dienstbar gemacht werden kann, nicht oder doch in viel geringerem Maße vor. Beispiele für solche anderen wichtigen Zielsetzungen sind uns bereits bei Behandlung der Wachstums- und Beschäftigungspolitik begegnet: Änderungen in der gesamtwirtschaftlichen *Einkommensverwendung* beeinflussen notwendigerweise wegen ihrer Effekte auf den Einkommenskreislauf Wachstum und Konjunktur und können — wie wir bereits andeuteten — eben auch durch gezielte Änderungen der Einkommensverteilung bewirkt werden. Die Zielobjekte für die verteilungspolitischen Instrumentvariablen sind in diesem Falle also Konjunktur und Wachstum, wobei die Änderung der Einkommensverteilung den Charakter eines *Zwischenziels* annimmt. Der Einsatz verteilungsändernder Maßnahmen mit anderen als verteilungspolitischen Zielsetzungen ist nur und insofern möglich, als sich aus Änderungen der Verteilung negative oder positive Nebeneffekte auf solche Sachverhalte ergeben, die Zielcharakter in den übrigen Bereichen der Wirtschaftspolitik tragen oder doch annehmen können. In diesem Zusammenhang ist nun hervorzuheben, daß den verteilungspolitischen Maßnahmen eine beachtliche *Streuungsbreite* bezüglich ihrer Effekte zukommt, die weit über die bereits erwähnten Bereiche der Wachstums- und Beschäftigungspolitik hinausgeht, wobei der Wirkungszusammenhang unterschiedlich eng sein kann. Die wichtige Konsequenz, die wir für die Wirtschaftspolitik daraus zu ziehen haben ist die, daß die Verteilungspolitik nie *isoliert,* d. h. unter ausschließlicher Orientierung auf die Gerechtigkeit der Einkommensverteilung, betrieben werden kann, sondern daß sie auch auf die übrigen maßgeblichen Zielvariablen der Wirtschaftspolitik ausgerichtet werden muß. Diese Orientierung ist um so dringlicher, als sich relativ häufig *Konfliktsituationen* zwischen der Verteilungspolitik einerseits und der Wachstums- und Beschäftigungspolitik andererseits ergeben, wenn das Gerechtigkeitspostulat der Einkommensverteilung im Sinne der gegenwärtig vorherrschenden Auffassungen als möglichst weitgehende *Nivellierung* der Einkommensverteilung interpretiert wird und damit möglicherweise die Gefahr *negativer* Effekte auf Wachstum und Beschäftigung (einschließlich der Teilziele wie stabiler Geldwert, Vollbeschäftigung, Zahlungsbilanzausgleich) heraufbeschworen wird.

Können also durch Änderungen der Einkommensverteilung auch andere als verteilungspolitische Zielsetzungen realisiert werden, so gilt umgekehrt, daß Änderungen der Einkommensverteilung durch den Einsatz anderer als verteilungspolitischer Instrumente erzielt werden können. In diesem Zusammenhang ist auf unsere Darstellung im ersten Band zu verweisen: Wir stellten dort fest, daß nahezu alle wirtschaftspolitischen Maßnahmen neben einem *Produktivitätseffekt* einen *Einkommensverteilungseffekt* haben. Durch fast alle wirtschaftspolitischen Maßnahmen wird demgemäß die Einkommensverteilung beeinflußt — unabhängig davon, ob diese Beeinflussung angestrebt wird oder nicht und ob sich der Träger der Wirtschaftspolitik der Redistributionswirkung bewußt wird oder nicht. Soweit die Maßnahmen also *primär* mit der Zielsetzung der Beeinflussung der Einkommensverteilung ergriffen werden, können sie ebenfalls der (indirekten) Verteilungspolitik zugerechnet werden. Aus Raumgründen wollen wir jedoch diese Problematik der *indirekten* und *gezielten* Beeinflussung der Verteilung durch das Instrumentarium der übrigen Bereiche der Wirtschaftspolitik hier ausklammern.

Selbst bei dieser thematischen Begrenzung bleibt die Darstellung der Verteilungspolitik immer noch ein weites Feld, weil offensichtlich die verteilungspolitischen Zielvorstellungen je nach Art des *personellen Bezuges* der Einkommensquoten variieren: die Einkommensanteile können — wenn wir hier einmal von den Individualeinkommen und

Haushaltseinkommen sowie ihrer Schichtung absehen — auf die unterschiedlichsten Gruppen der Gesellschaft bezogen werden, wobei die Gruppenbildung selbst wieder nach einer großen Anzahl von Kriterien erfolgen kann: Alter, Geschlecht, Beteiligung oder Nichtbeteiligung am Produktionsprozeß, Stellung im Erwerbsleben u.a.m. Je nachdem, wieviele Gruppen gebildet werden und welche Kriterien der Gruppenbildung zugrunde liegen, ergeben sich im Hinblick auf die Verteilungsgerechtigkeit Differenzierungen und Modifikationen der Grundsatzproblematik. Wir wollen uns deshalb in unserer Darstellung auf denjenigen Abschnitt aus der Gesamtproblematik konzentrieren, der seit der Industrialisierung im Vordergrund des wirtschaftspolitischen Interesses steht: die Aufteilung des Volkseinkommens auf die Gruppe der *unselbständig Beschäftigten* einerseits (einschließlich der aus dem Erwerbsprozeß ausgeschiedenen) und die Gruppe der *Kapital-* und *Bodeneigentümer* sowie der *Unternehmer* andererseits. Das *Primäreinkommen,* das beiden Gruppen zufließt (vor der Umverteilung), ist in einem Falle das Arbeitseinkommen, im anderen Falle Einkommen aus Vermögen (Produktivvermögen) und Unternehmertätigkeit, so daß wir zusammenfassend und vereinfachend die beiden Gruppen als Bezieher von Arbeits- und Besitzeinkommen (einschließlich Unternehmergewinn) bezeichnen können; vereinfachend auch deshalb, weil in Volkswirtschaften mit hohem Wohlstandsniveau das Einkommen der Angehörigen der ersten Gruppe auch Elemente von Besitzeinkommen aufweisen kann, wie ebenso das Einkommen der Angehörigen der zweiten Gruppe auch Anteile von Arbeitseinkommen enthalten kann. Diese Gruppierung der Einkommensbezieher ist unter dem Aspekt der *Gleichmäßigkeit* oder *Ungleichmäßigkeit* der Einkommensverteilung (wichtiger Teilaspekt der sozialen Verteilungsgerechtigkeit!) von besonderer Relevanz, da in marktwirtschaftlichen Systemen mit überwiegendem Privateigentum am Produktivvermögen die Ungleichmäßigkeit der Einkommensverteilung (personell) ganz maßgeblich auf der *Kumulation des Besitzeinkom-*

mens beruht: das führt dazu, daß die Empfänger hoher Einkommen ausschließlich in der Gruppe der Bezieher von Besitzeinkommen zu finden sind, während die Empfänger niedriger und mittlerer Einkommen ganz überwiegend in der Gruppe der Bezieher von Arbeitseinkommen anzutreffen sind.

Fragen wir schließlich nach den möglichen *Ansatzpunkten* der Verteilungspolitik, so kann sie an drei verschiedenen Punkten alternativ oder kombiniert anknüpfen, um die personelle Einkommensverteilung zu ändern: *bei der Struktur (Verteilung) des Produktivvermögens, der Primärverteilung und der Sekundärverteilung.* Mit jeder dieser Stufen der Verteilungspolitik wollen wir uns im folgenden kurz befassen, wobei jedoch schon an dieser Stelle darauf hingewiesen werden muß, daß die wirtschaftspolitische Aktivität in jeder dieser Stufen in der Regel auch Auswirkungen und Rückwirkungen in den übrigen Bereichen zeitigt.

4.2 Die Beeinflussung der Vermögensstruktur

Die Ungleichheit der Vermögensverteilung — so stellten wir fest — ist in einer Verkehrswirtschaft mit Privateigentum ein wichtiger Faktor für die Ungleichmäßigkeit der personellen Einkommensverteilung; umgekehrt gilt aber auch, daß die Ungleichmäßigkeit der Einkommensverteilung die Ungleichheit der Vermögensverteilung begünstigt, da die *Vermögensbildung* faktisch ganz überwiegend bei den Beziehern *hoher* Einkommen (einschließlich der Vermögensbildung in den ihnen gehörenden Unternehmungen) liegt. Über das Ausmaß der Ungleichheit der Vermögensverteilung in der Bundesrepublik sind durch ein im Auftrag des Bundeswirtschaftsministeriums erstattetes Gutachten aus dem Jahre 1964, das die Vermögensbildung und ihre Verteilung für den Zeitraum 1950—1960 untersucht, zusätzliche und wichtige Einsichten erarbeitet worden: nach diesem Gutachten belief sich die Nettovermögensbildung für den genannten Zeitraum in der Bundesrepublik auf rd.

350 Mrd. DM, bei einem jährlichen Anteil der Vermögensbildung am Nettosozialprodukt zu Marktpreisen, der seit 1955 nur wenig um 20 % schwankt. Von dem gesamten Vermögenszuwachs entfiel auf die Haushalte der unselbständig Beschäftigten (einschließlich Rentner) ein relativ bescheidener Anteil von rd. 12 % (40,6 Mrd. DM), der Rest auf die Vermögensbildung durch Selbständigenhaushalte, Unternehmungen sowie Gebietskörperschaften und Sozialversicherung.

Berücksichtigen wir außerdem, daß ein nicht unerheblicher Anteil der Vermögensbildung von Gebietskörperschaften auf öffentliches *Gebrauchsvermögen* entfällt, dann wird der Anteil der Bezieher von Besitzeinkommen an der Bildung von *Produktivvermögen* noch gewichtiger. Angesichts der erheblichen Ungleichmäßigkeit der Vermögensbildung könnte eine Umverteilung zwecks größerer Gleichmäßigkeit einen gewichtigen Beitrag zur gleichsinnigen Beeinflussung der Einkommensverteilung leisten. Allerdings sollte an dieser Stelle auch schon gleich darauf hingewiesen werden, daß die *faktischen* Möglichkeiten zur Änderung der Vermögensverteilung bescheiden sind. Wie die *Lastenausgleichsgesetzgebung* in Deutschland mit aller wünschenswerten Deutlichkeit gezeigt hat, ist die Umverteilung einer *vorhandenen* Vermögensmasse praktisch ausgeschlossen; die Lastenausgleichsabgaben werden aus den *Erträgen* des Vermögens bestritten, wobei wegen der Überwälzungsmöglichkeit außerdem die Frage unbeantwortet bleiben muß, ob und in welchem Umfang die Lastenausgleichsausgaben zu einer Kürzung der Erträge führten. Selbst entschädigungslose *Verstaatlichungen* und drastische *Erbschaftssteuern* vermögen an diesem Sachverhalt nichts zu ändern, da in diesem Falle ja die öffentliche Hand Besitzer des umverteilten Vermögens wird. Die Korrektur der Vermögensverteilung beschränkt sich deshalb auf Vermögensübertragungen bei der *Vermögensneubildung*, die ihrerseits wiederum aus dem laufenden Einkommen gespeist wird. Es versteht sich von selbst, daß eine ins Gewicht fallende Korrektur der Verteilung des Vermögens auf diese Weise nur in langen Zeiträumen erzielt werden kann, da als verteilungspolitische Manövriermasse nur ein bescheidener Anteil der laufenden Vermögensneubildung zur Verfügung steht.

Im Prinzip laufen also alle Maßnahmen der Vermögenspolitik darauf hinaus, Teile des Volkseinkommens, die bei den Beziehern von Besitzeinkommen oder Unternehmungen in die Vermögensbildung fließen bzw. fließen würden, auf die Bezieher von Masseneinkommen (Arbeits- und Transfereinkommen) mit der *institutionellen Sicherung* zu übertragen, daß sie bei den Empfängern ungekürzt ebenfalls zur Vermögensbildung verwendet werden, d. h. die Umverteilung des Einkommens muß in diesem Falle mit einer Art von „Zwangssparen“ des Zusatzeinkommens bei den Empfängern verbunden werden. Die verschiedenen vermögenspolitischen Maßnahmen, die beispielsweise in der Bundesrepublik z. Zt. von seiten des Staates oder der Tarifpartner eingesetzt werden (Vermögensbildungsgesetz, Gewinnbeteiligung, Mitbeteiligung u. a. m.) sehen dementsprechend für die vermögenswirksamen Leistungen kürzere oder längere zeitliche Bindungen vor, die ihre Verwendung zwischenzeitlich für den Konsum ausschließen. Allerdings ist damit noch keine Gewähr dafür gegeben, daß die vermögenswirksamen Leistungen das Gesamtvermögen in der Hand der unselbständig Beschäftigten proportional vergrößern; die Voraussetzung hierfür ist offensichtlich, daß die Empfänger die Zusatzleistungen und ihre „erzwungene“ Verwendung für die Vermögensbildung nicht zum Anlaß nehmen, ihre „freiwillige“ Vermögensbildung aus dem laufenden Einkommen zu verringern bzw. Teile des bereits vorhandenen Vermögens durch Veräußerung oder sonstige Transaktionen der Ausweitung ihres Konsums zuzuführen.

4.3 Beeinflussung der Primärverteilung

Die Schwierigkeiten, die sich der wirtschaftspolitischen Korrektur der Vermögensstruktur zwecks Beeinflussung der personellen Einkommensverteilung entgegenstellen, sind so gravierend, daß selbst eine sehr zielbewußt betriebene Vermögenspolitik („Eigentum für alle") nur mäßige Erfolge zeitigen kann. Wir wollen deshalb im folgenden untersuchen, ob durch die wirtschaftspolitische Beeinflussung der *funktionellen* Verteilung die Erfolgsaussichten der Einkommensverteilungspolitik verbessert werden können und welche Möglichkeiten sich auf dieser Ebene des Verteilungsprozesses eröffnen.

Überblicken wir das in diesem Falle relevante Aktivitätsfeld der Wirtschaftspolitik, d. h. die Preisbildung an den Faktormärkten und die Güterpreisbildung, so erscheint die *Lohnpolitik* als das nächstliegende Instrument, um das allgemeine Lohnniveau anzuheben und damit die Lohnquote zu Lasten des Besitz- und Gewinneinkommens zu vergrößern. Wie die Statistik zeigt, liegt in hochentwickelten Volkswirtschaften die „Lohnquote" am gesamten Volkseinkommen über 60 %, in der Bundesrepublik bei rd. 65 % für das Jahr 1964; der Rest entfällt bis auf einen geringen Anteil von 2—3 %, der dem Staat zufließt, auf Einkommen aus Unternehmertätigkeit und Vermögen. Auch in der Bundesrepublik zeigt die langfristige Entwicklung seit 1950 eine langsame und trendmäßige Vergrößerung der Lohnquote bei anhaltendem und starkem Wachstum, wie dies die historischen Zeitreihen auch für andere Länder zeigen. Kurzfristig ist die Lohnquote von einer bemerkenswerten Stabilität, so daß die jährlichen Schwankungen um den Trend sich in den sehr engen Grenzen von wenigen Prozenten halten. *Systematische* Schwankungen ergeben sich innerhalb dieser Grenzen im Konjunkturzyklus insofern, als in Depressionen und Rezessionen die Lohnquote steigt und in Aufschwung- und Hochschwungphasen abnimmt. Der Grund für diesen Sachverhalt liegt darin, daß die Anpassung des Lohnniveaus an die jeweilige konjunkturelle Situation wegen der Laufzeiten der Tarifverträge nur mit *zeitlichen Verzögerungen* möglich ist, was zu den erwähnten konjunkturell bedingten Verschiebungen der Quoten von Arbeitseinkommen bzw. Vermögens- und Gewinneinkommen führt.

Diese beachtliche Stabilität der Lohnquote und ihre relativ geringfügigen Differenzen im internationalen Vergleich — trotz sehr unterschiedlicher Stellung und Aktivität der Gewerkschaften, unterschiedlicher Entwicklung der Arbeitsproduktivität, unterschiedlicher Wachstumsraten, unterschiedlichen Inflationstempos und anderer wichtiger Abweichungen — ist insofern bedeutsam, als sie die begründete Vermutung über die *Strukturbedingtheit* der Lohnquote nahelegt. Wenn aber die Bestimmungsgründe im wesentlichen struktureller Natur sind und Strukturelemente sich im Zeitablauf erfahrungsgemäß nur langsam verändern, dann muß die Anhebung der Lohnquote durch die Wirtschaftspolitik als ein sehr langfristiges und unsicheres Vorhaben mit bescheidenen Erfolgsaussichten beurteilt werden. Wirtschaftspolitische Maßnahmen, die nicht die für die Lohnquote maßgeblichen Strukturelemente verändern, sind von vornherein wirkungslos. Außerdem können die strukturpolitischen Maßnahmen selbst leicht durch Strukturveränderungen neutralisiert werden, die entweder nicht kontrollierbar sind oder mit anderen als verteilungspolitischen Zielen durch die Wirtschaftspolitik bewirkt werden.

Diese Skepsis gegenüber gezielten wirtschaftspolitischen Einwirkungsmöglichkeiten auf die Lohnquote im allgemeinen gilt auch gegenüber der Lohnpolitik der Gewerkschaften, wie ein Blick in die neueren lohn- und verteilungstheoretischen Untersuchungen bestätigt. Die in diesen Untersuchungen häufig verwendete gesamtwirtschaftliche *Produktionsfunktion* (auch in der modernen Wachstumstheorie häufig benutzt), die nach ihren Schöpfern als *Cobb-Douglas-Funktion* bezeichnet wird und in empirischen Untersuchungen eine recht gute Übereinstimmung mit der Realität gezeigt hat, impliziert eine hohe Konstanz der Lohnquote. In einfacher Form kann sie wie folgt dargestellt werden:

$$(19) \quad P = a\, A^{m}\, K^{1-m}$$

Sie besagt, daß die Produktion (P) sich *proportional* mit

dem Einsatz von Arbeit (A) und Kapital (K) (der Faktor Boden wird dem Kapital zugeschlagen) ändert und daß bei einer Entlohnung der Faktoren mit ihrem Grenzprodukt die Aufteilung des Gesamtproduktes auf die Faktoren A und K *im Verhältnis der Exponenten m und (1—m)* erfolgt. Die Ableitung dieses Ergebnisses erhalten wir, wenn wir die *partiellen* Grenzproduktivitäten bzw. Grenzprodukte bilden:

(20a) Grenzproduktivität der Arbeit:

$$\frac{\partial P}{\partial A} = a \cdot m \cdot A^{m-1} \cdot K^{1-m} = m \cdot \frac{P}{A}$$

(mit a und K konstant)

(20b) Grenzproduktivität des Kapitals:

$$\frac{\partial P}{\partial K} = a \cdot A^{m} \cdot (1-m)\, K^{-m} = (1-m) \cdot \frac{P}{K}$$

(mit a und A konstant).

Wird jeder Faktor entsprechend seiner Grenzproduktivität entlohnt und dabei das Gesamtprodukt entsprechend der *spezifischen Form der Produktionsfunktion (linear-homogen)* ausgeschöpft (adding-up-Theorem), dann gilt für die Anteile von Arbeits- und Kapitaleinkommen:

$$(21) \quad A \cdot \frac{\partial P}{\partial A} + K \cdot \frac{\partial P}{\partial K} = P$$

Setzen wir in die Gleichung (21) die obigen Ableitungen für die Grenzproduktivitäten ein, so erhalten wir nach Ausrechnung:

$$(21a) \quad P = m \cdot a \cdot A^{m} \cdot K^{1-m} + (1-m) \cdot a \cdot A^{m} \cdot K^{1-m}$$

$$= A \cdot m \cdot \frac{P}{A} + K \cdot (1-m) \cdot \frac{P}{K}$$

Bedenken wir schließlich, daß die gesamtwirtschaftliche Produktion (P) einer Periode dem Einkommen (real) der Periode entspricht, dann zeigt die letzte Gleichung deutlich, daß das *Verhältnis* der Einkommensquoten zwischen

Arbeit und Kapital eindeutig und allein durch die Werte von m und (1—m) bestimmt wird:

$$(22) \quad \frac{A \cdot \frac{\partial P}{\partial A}}{K \cdot \frac{\partial P}{\partial K}} = \frac{(1-m) \cdot a \cdot A^{m} \cdot K^{1-m}}{m \cdot a \cdot A^{m} \cdot K^{1-m}}$$

$$= \frac{1-m}{m}$$

Die Glieder des Quotienten sind aber, wie wir sehen, identisch mit den Exponenten für die Arbeit und das Kapital in der Produktionsfunktion, die weitgehend *technologisch* bedingt sind und die (partiellen) *Produktionselastizitäten* der Faktoren darstellen. Unabhängig also davon, wie sich der Faktoreneinsatz im Zeitablauf entwickeln würde, ergäbe sich bei konstanten Produktionselastizitäten (m und 1—m) eine bestimmte Aufteilung des Gesamtproduktes; Vermehrung des einen oder anderen Faktors würde die Verteilung nicht ändern, da die Grenzproduktivität und damit die Vergütung pro Einheit des *vermehrten* Faktors im Zuge des Substitutionsprozesses gerade so stark sinken würden, daß die Anteilsquote dieses Faktors konstant bliebe. Nur durch den technischen Fortschritt können die Produktionselastizitäten (m und 1—m) und damit die jeweiligen Einkommensanteile verändert werden, sofern der technische Fortschritt nicht zu verteilungsneutralen Verlagerungen der Produktionsfunktion führt.

Zu ähnlich skeptischen Ergebnissen hinsichtlich der Lohnpolitik als Instrument der Korrektur der Primärverteilung gelangt übrigens auch die Mehrzahl der Autoren bei kurzfristiger Betrachtung unter Berücksichtigung der *kreislauftheoretischen* Zusammenhänge. Die Argumentation stützt sich dabei im wesentlichen auf den Zusammenhang zwischen Produktivitätsentwicklung je Arbeitsstunde und Nominallohnsatz und kann in stark vereinfachter Form wie folgt wiedergegeben werden: entspricht die Erhöhung des Lohnsatzes dem Produktivitätsanstieg (je Arbeitsstunde), dann bleibt das Güterpreisniveau — von anderen Einflußfaktoren abgesehen — konstant. In diesem Falle entwickeln sich die Erzeugung (Angebot) und der Lohnsatz (nominal und real) je Arbeitsstunde vollkommen proportional, so daß die Lohnquote unverändert bleibt. Übersteigt die Erhöhung des Nominallohnsatzes den Anstieg der Arbeitsproduktivität, so wird die effektive Nachfrage infolge der Erhöhung des Arbeitseinkommens stärker als die Gesamtproduktion (Angebot) zunehmen; bei Konstanz der Investitionsausgaben, der Staatsausgaben und des Zahlungsbilanzsaldos wird deshalb das Güterpreisniveau genau um die *Differenz zwischen prozentualer Nominallohnerhöhung* und prozentualer Produktivitätssteigerung steigen. Durch diese Preissteigerung wiederum wird der Anstieg des *Reallohnes* auf den Produktivitätsanstieg reduziert, so daß die *Reallohnquote* konstant bleibt.

Soweit die Ergebnisse der Wachstums- und Kreislauftheorie, die im strengen Sinne verständlicherweise nur für die in den zugrundegelegten Modellen getroffenen *Annahmen* gelten! Da die Modelle jedoch mehr oder weniger stark — unter einer Vielzahl von Aspekten — von der wirtschaftlichen Wirklichkeit abweichen, können die gefundenen Ergebnisse für die Realität nur *beschränkte Gültigkeit beanspruchen,* so daß faktisch ein größerer (oder kleinerer) Spielraum für die Lohnpolitik gegeben sein mag, als sich aus diesen theoretischen Untersuchungen ergibt. Allerdings ist in nahezu allen Marktwirtschaften der westlichen Welt dem Staat die *direkte* Einflußnahme auf die Lohnhöhe genommen: die Festlegung der *Arbeitsentgelte* erfolgt in Vereinbarungen der *Tarifpartner;* in einigen Ländern setzt der Staat aber Mindestlöhne fest, schränkt den Spielraum für Lohndifferenzierungen ein, erklärt die vereinbarten Arbeitsentgelte von Fall zu Fall für allgemeinverbindlich usw. und wirkt so *indirekt* bei der Gestaltung des Arbeitsentgeltes mit. Diese begrenzte Mitwirkung des Staates wird schließlich in wenigen Ländern durch das wichtige Instrument des Lohnstops ergänzt, das dem Staat die *zeitlich befristete,* direkte Einwirkung auf die Arbeitsentgelte in dem Sinne gestattet, daß eine *Anhebung* des Lohnniveaus durch Verhandlungen der Tarifpartner zeitlich aufgeschoben werden kann. Die Beteiligung des obersten Trägers der Wirtschaftspolitik ist bei der Festlegung der *Arbeitsbedingungen* zwar erheblich größer, aber von den zahlreichen Maßnahmen, die für die Gestaltung der Arbeitsbedingungen von Gewicht sind, eignen sich nur wenige für die Realisierung verteilungspolitischer Zielsetzungen. Erwähnt seien an dieser Stelle die Mindesturlaubszeiten, die Feiertagsregelung und die gesetzlichen Arbeitszeiten, die von Bedeutung für die Entlohnung der *tatsächlich* geleisteten Arbeit bzw. des Überstundenentgeltes sind. Erwähnen wir schließlich noch die direkte Mitwirkung der öffentlichen Hand bei der Festsetzung der Arbeitsentgelte für die quantitativ bedeutsame Gruppe der öffentlich Bediensteten, dann ist der Überblick über das maßgebliche Instrumentarium der Lohnpolitik vollständig.

Versucht die Lohnpolitik, die Primärverteilung durch Einflußnahme auf die Preisbildung am Arbeitsmarkt in dem gewünschten Sinne zu beeinflussen, so kann auf dem Geld- und Kapitalmarkt mit Hilfe der *Zinspolitik* von der anderen Seite her das Problem in Angriff genommen werden. Eine Senkung des Zinssatzes für kurz- und langfristiges Geldkapital würde sich bei gegebenem Kapitalbestand in einer Verringerung des auf das Kapital entfallenden Anteiles am Volkseinkommen auswirken; aber ebenso würden bei einer spürbaren Zinssatzsenkung mit einer gewissen zeitlichen Verzögerung auch das Investitionsvolumen und die Zahlungsbilanz (bei starren Wechselkursen), d. h. aber wichtige Kreislaufströme (Konjunktur und Wachstum!) beeinflußt werden. Was das schließliche Endresultat im Hinblick auf die Primärverteilung wäre, kann nicht generell und mit Sicherheit entschieden werden. Wir brauchen dieser Frage jedoch nicht weiter nachzugehen, weil bei Konvertibilität und festen Wechselkursen der Zinssatz insofern kein Instrument der nationalen Wirtschaftspolitik mehr darstellt, als seine Höhe weitgehend durch das *internationale Zinsniveau* bestimmt wird. Aber selbst wenn eine Volkswirtschaft zureichend gegen solche Auslandseinflüsse abgeschirmt ist, stellt der Zinssatz insbesondere in Hochschwungphasen ein zu wichtiges Instrument der Konjunkturpolitik dar, als daß man auf seine *elastische* Handhabung zwecks *gegenzyklischer* Steuerung verzichten könnte — von allen übrigen Argumenten gegen eine Fixierung auf niedrigem Niveau aus verteilungspolitischen Gesichtspunkten ganz abgesehen.

Ein letzter Ansatzpunkt zur Korrektur der Primärverteilung liegt schließlich bei der Steuerung der *Gewinneinkommen* und hier sind es vorzugsweise die Güter- und Leistungsmärkte, die das Betätigungsfeld für die Verteilungspolitik abgeben. Das Ziel ist die Verringerung der Gewinneinkommen durch Abbau der *monopolistischen* oder durch *monopolistischen Wettbewerb* bedingten Gewinnüberhöhungen. Sieht man diesen Bestimmungsgrund für die Höhe des Gewinneinkommens als ausschlaggebend oder gewichtig an, wie dies für eine Reihe von verteilungstheoretischen Untersuchungen zutrifft, dann verdient diese Variante der Verteilungspolitik durchaus sorgfältige Beachtung, zumal sie starke Bezüge zur *Wettbewerbspolitik* aufweist bzw. in *instrumentaler* Hinsicht mit ihr identisch ist. Durch eine erfolgreiche Wettbewerbspolitik wird deshalb auch gleichzeitig die Primärverteilung beeinflußt, selbst wenn unter den Zielobjekten der Wettbewerbspolitik die Verteilung nicht explizit erscheint.

Da wir uns in dem Abschnitt über die Wirtschaftsordnung noch ausführlicher mit der *Wettbewerbspolitik* befassen werden, können wir uns an dieser Stelle mit einigen Anmerkungen zu den instrumentalen Aspekten begnügen. Die Verfahren, die sich zwecks Anpassung der Erlöse an die Kosten und damit zur Reduzierung der Gewinne unter Beschränkung auf das wettbewerbspolitische Instrumentarium anbieten, sind im wesentlichen die beiden folgenden: Veränderung der *Marktformen* (Marktstruktur) in Richtung auf die *homogene* oder *heterogene polypolistische* Konkurrenz, Verhinderung der Überführung solcher Marktformen in die des Monopols und der monopolistischen Konkurrenz und *Öffnung bzw. Offenhaltung* der Märkte für die Auslandskonkurrenz und den *latenten* Wettbewerb (newcomers); lassen die Verhältnisse eine solche Änderung der Marktform in Richtung auf die vollkommene Konkurrenz nicht zu, dann kann unter bestimmten Bedingungen ersatzweise die Bildung *gegengewichtiger Marktmacht* erwogen werden. Ist die Änderung der Marktformen aus bestimmten Gründen nicht möglich oder zweckmäßig, dann verbleibt schließlich die *Mißbrauchsaufsicht* einer Wettbewerbsbehörde als das andere Verfahren, um die anbietenden und nachfragenden Unternehmungen an den monopolistischen und oligopolistischen Märkten (marktbeherrschende Unternehmungen) daran zu hindern, ihre Marktmacht mißbräuchlich zwecks Überhöhung und Erhaltung ihrer Gewinne einzusetzen.

Beide Verfahren werden in einer Reihe von Ländern, so auch in der Bundesrepublik, angewandt; allerdings sind die praktischen Schwierigkeiten, die sich ihrer Anwendung in den Weg stellen, erheblich und ihre Erfolgsaussichten sind deshalb bei realistischer Betrachtung begrenzt. Auf der anderen Seite bleiben jedoch die erzielbaren Erfolge bei konsequenter Handhabung und Ausgestaltung der Wettbewerbspolitik doch so beachtlich, daß sie im Vergleich zu den übrigen Alternativen der Verteilungspolitik ernsthafte Beachtung verdienen.

Selbstverständlich bedarf es auch bei dieser Variante der Verteilungspolitik ebenso wie bei den vorerwähnten der Berücksichtigung der Auswirkungen auf andere ökonomische Sachverhalte, die Zielobjekte für die übrigen Aktivitätsbereiche der Wirtschaftspolitik darstellen. Von besonderer Relevanz sind dabei im Zusammenhang mit der Manipulierung des Gewinneinkommens die Auswirkungen auf die *Investitionstätigkeit* und die *technische Fortschrittsrate.* Die Reduzierung der Gewinne beeinflußt negativ den Investitionsanreiz und die Rentabilitätserwartungen von technischen Neuerungen; außerdem werden die Selbstfinanzierungsmöglichkeiten negativ beeinflußt und die zur Investitionsfinanzierung verfügbaren freiwilligen Ersparnisse werden wegen der Verlagerung von Einkommensanteilen auf die Bezieher von Masseneinkommen und deren geringerer marginaler Sparquote im Vergleich zu derjenigen der Bezieher hoher Einkommen reduziert; auf der anderen Seite sind von der daraus zu erwartenden Verbreiterung des Stromes der privaten Konsumausgaben positive Auswirkungen auf die Investitionstätigkeit zu erwarten. Was der Nettoeffekt für das Wachstum einer Volkswirtschaft (und die Konjunktur) sein mag, hängt ceteris paribus im wesentlichen von dem Umfang der Kürzung des Gewinneinkommens, der Art des Vorgehens (kontinuierliche, schrittweise Korrektur gegen einmalige Korrektur gleicher Größenordnung) und von kompensierenden bzw. stimulierenden Effekten weiterer gezielter wirtschaftspolitischer Maßnahmen ab.

4.4 Die Beeinflussung der Sekundärverteilung

Waren es bei den zuletzt behandelten verteilungspolitischen Maßnahmen insbesondere die Rückwirkungen auf das Wachstum, die es im Hinblick auf ihren Charakter als langfristig-strukturelle Instrumente (Marktformen!) zu berücksichtigen galt, so sind es bei der nun zu behandelnden Gruppe von Maßnahmen der *Sekundärverteilung* vorzugsweise die Rückwirkungen auf die Konjunktur, die Berücksichtigung verlangen. Der Grund liegt u. a. darin, daß diese Gruppe sowohl *ablaufspolitische* Maßnahmen kurzfristigen Charakters als auch *strukturpolitische* Maßnahmen langfristiger Natur umfaßt. Der Unterschied zur Beeinflussung der Primärverteilung liegt unter *systematischen* Gesichtspunkten darin, daß nicht von vornherein eine aus dem Prozeß der Primärverteilung resultierende hohe Quote des Besitz- und Gewinneinkommens am Volkseinkommen schon in *ihrer Entstehung* verhindert werden soll, sondern daß *nachträglich* eine Umverteilung von Einkommen der Selbständigen auf die Unselbständigen (in der Regel unter Einschaltung des Staates) erfolgt. Der Vollständigkeit halber sei in diesem Zusammenhang erwähnt, daß Maßnahmen zur Beeinflussung der Primärverteilung unter gewissen Bedingungen indirekt auch die Sekundärverteilung beeinflussen können.

Fragen wir nach dem Instrumentarium, das für die Zwecke der sekundären Umverteilung eingesetzt werden kann, so sind in erster Linie die *Besteuerung* (und Einkommensübertragungen) sowie die *Gewinnbeteiligung* zu nennen, auf die wir uns aus Raumgründen beschränken wollen. Die maßgeblichen Aspekte kann man sich im Prinzip mit Hilfe eines einfachen Kreislaufmodells verdeutlichen, das auch gleichzeitig Aufschluß über die kreislaufmäßigen Zusammenhänge gibt, die es zu berücksichtigen gilt. Wir gehen dabei von einer *geschlossenen Volkswirtschaft ohne staatliche Aktivität* aus, die sich im Gleichgewicht bei Vollbeschäftigung befinde (freiwillige Ersparnisse gleich freiwillige Nettoinvestition). Die freiwilligen Ersparnisse der Selbständigen und Unselbständigen reichen also gerade zur Finanzierung des Volumens der Netto-Investitionen der Selbständigen aus. Durch *Gewinnbeteiligung*, so wollen wir weiter unterstellen, übertragen die Selbständigen einen Teil ihres Einkommens auf die Unselbständigen, so daß der Einkommenszuwachs der einen Gruppe genau der Einkommensminderung bei der anderen Gruppe entspricht. Damit ist bei *isolierter* Betrachtung die Umverteilung der *Geldeinkommen* durchgeführt.

Da der eigentliche Zweck der Umverteilung der Nominaleinkommen die Erhöhung des *Realeinkommensanteiles* der Unselbständigen zu Lasten der Selbständigen ist, kann jedoch der Umverteilungsvorgang mit diesem ersten Schritt nicht als abgeschlossen gelten; vielmehr muß mit Rücksicht auf die Umverteilung des Realeinkommens die *Einkommensverwendung* des übertragenen Einkommensbetrages bei Empfängern und Leistenden zusätzlich in Betracht gezogen werden. Ist die Aufteilung des Transferbetrages in Konsum und Sparen bei beiden Gruppen die gleiche (identische Einkommensverwendung), so wird die Minderung der Konsumnachfrage und der Ersparnis der Selbständigen genau durch die Zunahme der Konsumnachfrage und der Ersparnis bei den Unselbständigen ausgeglichen. Da bei gegebener Investitionsnachfrage der Selbständigen die effektive Gesamtnachfrage größenmäßig *nicht* verändert wird, bleibt das Preisniveau erhalten und das Realeinkommen der Unselbständigen hat sich um den Betrag der Nominaleinkommenssteigerung erhöht.

Die Annahme der Identität der Einkommensverwendung bei beiden Gruppen ist aber wenig realistisch, zumal sie eine *größengleiche, marginale Konsumquote* bei beiden Gruppen impliziert. Wie die einschlägigen statistischen und ökonometrischen Untersuchungen ergeben haben, differieren jedoch die marginalen Konsumquoten nicht unerheblich. Gehen wir von der Unterstellung aus, daß die Gewinnbeteiligung *freiwillig* erfolgt, so kann man für den Regelfall annehmen, daß die Selbständigen deswegen ihren Lebensstandard *nicht* einschränken werden, ihre Konsumgüternachfrage also erhalten bleibt und nur ihre Ersparnisse verringert werden. Unterstellen wir weiter aus Gründen der Vereinfachung der Argumentation, daß das übertragene Zusatzeinkommen vollständig in den Konsum der Unselbständigen fließt, dann erhalten wir bei *gegebener Nachfrage nach Investitionsgütern* eine Ausweitung der Gesamtnachfrage, die größenmäßig genau dem Einkommenstransfer entspricht. Damit steigt aber bei *Vollbeschäftigung* das Preisniveau, zuerst das für Konsumgüter und im Gefolge auch das für Investitionsgüter, und die Erlöse und Gewinne der Unternehmer nehmen zu (und damit ihre Mittel für die Investitionsfinanzierung), während das *Realeinkommen* der Unselbständigen nur geringfügig oder überhaupt nicht wächst, weil ihr Nominaleinkommenszuwachs aus der Gewinnbeteiligung weitgehend oder vollständig durch den Anstieg des Preisniveaus neutralisiert wird.

Das Fazit, das wir aus diesen Überlegungen im grundsätzlichen zu ziehen haben, ist unter Beibehaltung unserer Annahme, daß die Einkommensminderung bei den Selbständigen ausschließlich zu Lasten ihrer beabsichtigten Ersparnisse geht, das folgende: nur in dem Umfange, in dem die Ersparnisse der Unselbständigen (freiwillig oder „erzwungen" etwa in der Form des „Investivlohnes") im Zuge der Umverteilung des Geldeinkommens anwachsen, kann auch ihr Realeinkommen steigen und damit die beabsichtigte Umverteilung des Realeinkommens realisiert werden. Das prinzipiell gleiche Ergebnis erhält man, wenn statt der Gewinnbeteiligung von einer *nicht überwälzbaren* Einkommenssteuer der Selbständigen ausgegangen wird, die vom Staat an die Unselbständigen voll ausgeschütttet wird. Da in diesem Falle die Einkommensminderung bei den Selbständigen *zwangsweise* erfolgt, müssen jedoch die möglichen Rückwirkungen auf die Investitionsnachfrage (und ergänzend vielleicht auch auf die Konsumnachfrage) der Selbständigen zusätzlich berücksichtigt werden. Werden deren Investitions- und/oder Konsumausgaben durch die Steuerbelastung gemindert, so kommt es zu einer *Kontraktion* des Volkseinkommens, wenn nicht die Konsumausgabensteigerung bei den Unselbständigen den Nachfrageausfall voll kompensiert. Selbst in diesem Falle wird aber ein *zwischenzeitliches* Steigen der Konsumgüterpreise nicht zu verhindern sein. Der entscheidende Nachteil wäre jedoch, daß wegen der *Verringerung der Nettoinvestitionen* die Wachstumsrate der Volkswirtschaft *reduziert* würde. Es versteht sich von selbst, daß eine solche Entwicklung höchst bedenklich wäre, da der dadurch bedingte Verlust an *potentiellem Einkommenszuwachs* angesichts der relevanten Größenordnungen in aller Regel auch für die Unselbständigen keinen Netto-Vorteil aus der Einkommensumverteilung abwerfen würde, ganz zu schweigen von der Vergrößerung der Einkommensverluste bei den Selbständigen.

Unsere Ergebnisse erfahren weitere Modifikationen, wenn wir neben den Rückwirkungen auf die private Investitionsnachfrage auch die möglichen Rückwirkungen auf den *Zinssatz* (Veränderung des Angebotes an Ersparnissen) und auf die *Zahlungsbilanz* mit in das Bild einfügen würden, was wir uns jedoch aus Raumgründen versagen müssen. Modifikationen ergeben sich auch dann, wenn der Staat seine Transferzahlungen an die Unselbständigen aus *indirekten* (überwälzbaren) Steuern leistet. Unterstellen wir, daß in diesem Falle das *reale* Volkseinkommen unverändert bleibt, dann wird zwar das *verfügbare Nominaleinkommen* der Unselbständigen um den Transferbetrag erhöht, ihr Realeinkommen bleibt jedoch wegen der durch die Überwälzung verursachten Preiserhöhung unverändert. Schüttet der Fiskus die Steuereinnahmen nur *teilweise* als Transferausgaben an die Unselbständigen aus und entsteht ein Haushaltsüberschuß (staatliche Ersparnisse), so ergeben sich weitere Korrekturen an unserem bisherigen Befund. Bildet etwa der Fiskus Ersparnisse aus dem Einkommensteueraufkommen der Selbständigen, dann tritt die Ersparnis des Staates an die Stelle der Ersparnis der Selbständigen, so daß sich insoweit keine weiteren Änderungen ergeben, als die staatliche Ersparnis in die Finanzierung der gegebenen Netto-Investitionen fließt. Wird der Haushaltsüberschuß stillgelegt, so resultiert aus der dadurch bedingten Verringerung der effektiven Gesamtnachfrage ein Schrumpfungsprozeß des Volkseinkommens.

Berücksichtigen wir außerdem, daß ein *Haushaltsdefizit* im Prinzip zu entgegengesetzten Ergebnissen führt, daß die kreislaufmäßigen Auswirkungen bei den *indirekten* Steuern und gleichzeitigen Haushaltsüberschüssen (-defiziten) ebenfalls zu berücksichtigen sind und *zusätzlich* die Ausgaben des Staates für den staatlichen Konsum und die staatliche Investition bei alternativem oder kombiniertem Steueraufkommen aus indirekten und/oder direkten Steuern in die Untersuchung einzubeziehen sind, dann wird der *erhebliche Aktivitätsbereich* der öffentlichen Hand im Hinblick auf die Gestaltung der Sekundärverteilung einsichtig. Allerdings sollten unsere Darlegungen trotz ihrer Unvollständigkeit und Skizzenhaftigkeit auch gezeigt haben, daß die Instrumente, die der öffentlichen Hand in Form der Besteuerung (Höhe und Struktur) und der Ausgabengestaltung sowie der Bildung von Haushaltsüberschüssen und -defiziten zur Verfügung stehen, einer *sinnvollen* Kombination bedürfen; andernfalls kann von einer *gezielten* und *rationalen* Redistributionspolitik im Bereich der Sekundärverteilung keine Rede sein.

5. Wirtschaftsordnungspolitik

5.1 Allgemeines

Wir machten bereits in der Einleitung darauf aufmerksam, daß die von uns angeführte Bedingung der größtmöglichen *Wirtschaftsfreiheit,* unter der die in unserer Untersuchung genannten Fundamentalziele der Wirtschaftspolitik zu realisieren sind, durch die entsprechende Ausgestaltung der Wirtschaftsordnung, d. h. durch eine bestimmte *Wirtschaftsordnungspolitik* sichergestellt werden kann. Für den aufmerksamen Leser deutete sich dieser Zusammenhang bereits in den Ausführungen des ersten Bandes zur Problematik der *Ordnungs und Systemkonformität* der wirtschaftspolitischen Maßnahmen an. Die dortigen Erörterungen zeigten ja deutlich, daß die *Methodik* des wirtschaftspolitischen Instrumentariums durch die jeweils angestrebte Wirtschaftsordnung Einschränkungen und Begrenzungen in dem Sinne unterworfen ist, als in marktwirtschaftlichen Systemen primär Instrumente eingesetzt werden müssen, die die *Wahlhandlungsfreiheit* des Wirtschaftssubjektes unangetastet lassen, während in zentralplanwirtschaftlichen Systemen umgekehrt in der Regel Maßnahmen zu ergreifen sind, die eine solche Wahlhandlungsfreiheit ausschließen bzw. in möglichst engen Grenzen halten. Die infragestehende Wahlhandlungsfreiheit ist aber nur ein anderer Ausdruck für die ökonomische Freiheit.

Allerdings muß bereits an dieser Stelle darauf hingewiesen werden, daß die Wirtschaftsordnung in marktwirtschaftlichen Systemen neben dieser Aufgabe, den Freiheitsspielraum für die wirtschaftlich tätigen Individuen festzulegen und als Auswahlprinzip für Maßnahmen der praktischen Wirtschaftspolitik zu dienen, weitere wichtige Aufgaben zu lösen hat. Auch aus diesem Grunde erscheint es unumgänglich, etwas ausführlicher auf die Wirtschaftsordnung und ihre Bedeutung für das Wirtschaften innerhalb gesellschaftlicher Verbände einzugehen.

Wie schon der in der Literatur eingebürgerte Terminus andeutet, ist die maßgebliche Aufgabenstellung der Wirtschaftsordnung, das gesamte volkswirtschaftliche Geschehen — den volkswirtschaftlichen Gesamtprozeß in allen seinen Teilprozessen — in eine Ordnung zu bringen. Die Notwendigkeit hierzu ergibt sich in einer *arbeitsteiligen* Volkswirtschaft mit Millionen von Betrieben, noch mehr Haushalten und einer Vielzahl von Wirtschaftsstufen und Branchen einerseits aus der *Koordinationsproblematik* und zum anderen aus dem *Spannungsverhältnis* zwischen Individuum und Gemeinschaft: Nur durch eine entsprechende Ordnung kann die wirtschaftliche Aktivität der Zellengebilde (Betriebe und Haushalte) so aufeinander abgestimmt werden, daß die Produktion insgesamt und in ihren Stufen und Branchen der gesamtwirtschaftlichen Endnachfrage ohne vermeidbare Verluste und Vergeudung von wirtschaftlichen Hilfsquellen entspricht (in zeitlicher, räumlicher, qualitativer Hinsicht u. a. m.) und jederzeit ohne große Umstellungsverluste bei Änderungen angepaßt werden kann. Ebenso kann nur durch die Wirtschaftsordnung sichergestellt werden, daß das *Sozialinteresse* im Bereich des Ökonomischen (Befriedigung des Gemeinschaftsbedarfs, wirtschaftliche Betätigung der Gemeinschaft, d. h. der öffentlichen Hand, Möglichkeit der Begrenzung und Beeinflussung der wirtschaftlichen Tätigkeit Privater zwecks Wahrung übergeordneter Gesamtinteressen usw.) durch eine entsprechende *Kanalisierung* des wirtschaftlichen Individualinteresses hinreichend gewahrt werden kann. Durch den Einbau *institutioneller* und *organisatorischer Steuerungselemente* in Form der Wirtschaftsordnung wird so erreicht, daß der Wirtschaftsprozeß *(Wirtschaftsablauf)* so gesteuert wird, daß seine Resultate nach Art und Umfang einerseits den für schutzwürdig erachteten Gemeinschaftsbelangen nicht zuwiderlaufen und andererseits dem ökonomischen Interesse der Wirtschaftssubjekte im Rahmen dieser Begrenzung möglichst weitgehend gerecht werden. Da häufig die Wahrung des Sozialinteresses nur auf Kosten der Verfolgung von *Individual-* und *Gruppeninteressen* möglich ist, ergibt sich notwendigerweise für die Errichtung und Erhaltung der Wirtschaftsordnung der Einsatz der *öffentlichen Gewalt.* Denjenigen Teil der Wirtschaftsordnung, der in Form *gesetzlicher* Normen durch den Träger der Wirtschaftspolitik festgelegt wird, bezeichnen wir in der Volkswirtschaftslehre als *Wirtschaftsverfassung.*

Wichtige Teilaspekte des Sozialinteresses sind im Zusammenhang mit der Wirtschaftsordnung der *Leistungsanreiz* und die *Leistungskontrolle.* Die Größe des Sozialproduktes und damit der Wohlstand in einer Wirtschaftsgesellschaft werden durch Umfang und Qualität der insgesamt erbrachten Leistungen der Wirtschaftssubjekte bestimmt; durch ein geeignetes System von Leistungsanreizen muß deshalb dafür Sorge getragen werden, daß möglichst keine *Leistungsverringerungen* und *Leistungsbeschränkungen* hinsichtlich des Einsatzes der produktiven Hilfsquellen auftreten und die für die gesellschaftliche Wohlstandssteigerung notwendigen *Leistungssteigerungen* nicht gehemmt werden. Die Leistungskontrollen sollen verhindern, daß durch die Leistungsdarbietung bestimmter Individuen die Leistung anderer unmöglich gemacht oder beschränkt wird oder zu vermeidbarer Beeinträchtigung des Sozialinteresses (Interessenkonflikte, unsoziale Auswirkungen) oder von Individualinteressen führt.

Zusammenfassend können wir also feststellen, daß die Wirtschaftsordnung ein System von regulativ-restriktiven Bedingungen für die wirtschaftliche und wirtschaftspolitische Aktivität der Individuen und der Gemeinschaft (öffentliche Hand) verkörpert und darüber entscheidet, ob die Aufstellung und Durchführung der Wirtschaftspläne *zentral* oder *dezentral* erfolgt (staatliche und private Wirtschaftsplanung) und wie der *Koordinationsmechanismus* auszusehen hat; sie legt außerdem das System der

Leistungsanreize und Leistungskontrollen fest bei gleichzeitiger Entscheidung darüber, inwieweit die Gemeinschaft als Träger dieser Kontrollen fungieren soll; und schließlich werden durch sie weitere Bedingungen formuliert, die dem Schutz anderweitiger Gemeinschaftsbelange dienen, soweit die Wirtschaftsordnung in diesem Zusammenhang überhaupt von Relevanz ist. Dieser letzte Hinweis ist deshalb von Wichtigkeit, weil die Realisierung wichtiger gesamtwirtschaftlicher Ziele wie stetiges und optimales Wachstum, Vollbeschäftigung, Gerechtigkeit der Einkommensverteilung u. a. m. nicht oder nicht *allein* durch die Wirtschaftsordnung möglich ist. Die Wirtschaftspolitik kann sich also nicht in Wirtschaftsordnungspolitik erschöpfen, welche Meinung von Vertretern des extremen Neo-Liberalismus vertreten wird, sondern muß auch die *Ablaufspolitik* (Prozeßpolitik) und die *Strukturpolitik*, soweit diese nicht bereits Teil der Wirtschaftsordnungs- und Prozeßpolitik ist, mit einschließen. Auch für die Wirtschaftsordnungspolitik gilt deshalb, daß sie ein integrales Ganzes zusammen mit den übrigen Aufgabenbereichen der Wirtschaftspolitik bildet und deshalb in ständiger und enger Abstimmung mit ihnen zu betreiben ist. Dies insbesondere im Hinblick auf die Verhältnisse in marktwirtschaftlichen Systemen, in denen die Wachstums- und Konjunkturpolitik durch eine *abgestimmte* Wirtschaftsordnungspolitik erhebliche Unterstützung dadurch erfahren kann, daß die für die Vermeidung von strukturellen Störungen und Ungleichgewichten so wichtige *Preisflexibilität* und *Faktormobilität* verbessert werden kann bzw. erhalten bleibt.

Wie wir weiter oben feststellten, hat die Wirtschaftsordnung eine Reihe wichtiger und spezifischer Funktionen zu erfüllen, wozu es des Einbaues der erwähnten institutionellen und organisatorischen Steuerungselemente bedarf. Diese Elemente können nun, je nach dem wirtschaftspolitischen *Zielkatalog* des Trägers der Wirtschaftspolitik, in unterschiedlicher Art und Weise miteinander kombiniert werden. Aus den vielfältigen Kombinationsmöglichkeiten wiederum ergibt sich eine erhebliche *Variationsbreite* der Wirtschaftssysteme in der Realität, die durch die beiden Extreme der *freien* (individualistischen) *Marktwirtschaft* und der (kollektivistischen) *Zentralverwaltungswirtschaft* begrenzt wird. Obwohl diese Extremformen theoretische Modelle darstellen und deshalb in der Realität nicht rein verwirklicht werden können, ist es trotzdem aus heuristischen Gründen nützlich, auf das uns hier vorzugsweise interessierende Modell der freien Marktwirtschaft kurz einzugehen, um unsere bisher gewonnenen Einsichten vertiefen zu können. In diesem Modell mit vollkommen *dezentralisierter Wirtschaftsplanung* sind private Wirtschaftssubjekte die *alleinigen Planträger*. Die Koordination der individuellen Wirtschaftspläne der Vielzahl von Wirtschaftssubjekten erfolgt über den *Markt-* und *Preismechanismus* in Verbindung mit dem hier wirksamen Individualinteresse. Preisveränderungen erzwingen über Gewinn- oder Verlustchancen bzw. Veränderung der Erwerbschancen, daß die Produktion auf die private Endnachfrage hin ausgerichtet wird und die produktiven Hilfsquellen nur in Verwendungen mit höchster Rentabilität eingesetzt werden. *Leistungskontrolle* und Leistungsanreiz erfolgen über die *Konkurrenz* zwischen Anbietern und Nachfragern. Allerdings werden diese gesamtwirtschaftlich wünschenswerten Auswirkungen nur in Vollkommenheit erzielt, wenn eine Reihe von außerordentlich *strengen Bedingungen* erfüllt ist, die in der Realität nur teilweise und annähernd verwirklicht werden können.

Dieser Hinweis sowie der weitere, daß in diesem Modell nur auf die Befriedigung von *Individualbedürfnissen* hin gewirtschaftet wird und daß nur *Individuen Planträger* sind, zeigt ja schon zur Genüge, wie utopisch dieses Modell ist. Das Wirtschaften in großen gesellschaftlichen Verbänden setzt existenznotwendig ein *hochorganisiertes Gemeinschaftsleben* mit der Befriedigung fundamentalen *Gemeinschaftsbedarfs* und der Berücksichtigung von *elementaren Gemeinschaftsbelangen* voraus, die der Staat wahrzunehmen hat. Mit der Einführung des Staates und seiner fiskalischen Wirtschaftsführung wird aber bereits ein *zentralverwaltungswirtschaftliches* Element in dieses Modell eingeführt, das in der Regel noch durch die wirtschaftspolitische Kontrolle und Einflußnahme des Staates verstärkt wird.

Diese wenigen Hinweise, auf die wir uns aus Raumgründen beschränken müssen, lassen dennoch die Einsicht zu, daß die Marktwirtschaft der Realität eine *Mischform* von Wirtschaftsordnungen mit überwiegend marktwirtschaftlicher Komponente ist. Sie gestatten aber auch den für unsere Darstellung in diesem Abschnitt wichtigen Schluß, daß es zur Errichtung und Sicherung der angestrebten Wirtschaftsordnung sowie zur Verbesserung ihrer Funktionsfähigkeit einer umsichtigen, bewußt gestalteten und *langfristigen* Wirtschaftspolitik bedarf — eben der Wirtschaftsordnungspolitik für marktwirtschaftliche Systeme.

5.2 Konstituierende Maßnahmen

Im Anschluß an *Eucken,* der in der von ihm entwickelten *Lehre von den Wirtschaftsordnungen* die Trennung in *konstituierende* und *regulierende* Prinzipien vorgenommen hat, wollen wir den Gesamtkomplex der Wirtschaftsordnungspolitik in zwei Teile scheiden: denjenigen, der sich auf die konstitutiven Elemente bezieht und den anderen, der sich mit den regulativen Eingriffsmöglichkeiten befaßt. Als konstitutive Elemente für eine *marktwirtschaftliche* Ordnung (Tauschwirtschaft, Marktwirtschaft, Wettbewerbswirtschaft), auf die wir uns im folgenden beschränken wollen, können für die Zwecke unserer Untersuchung *Privateigentum, Marktverkehr unter Wettbewerbsbedingungen* und *Wirtschaftsfreiheit* gelten, an denen sich die wirtschaftspolitische Aktivität im Rahmen der Wirtschaftsordnungspolitik zu orientieren hat.

Der Begriff des *Privateigentums* (Sondereigentums) ist dabei im weitesten Wortsinne zu fassen: unter ihn fallen die verschiedenen Eigentumstitel insbesondere aber das *Eigentum an Produktionsmitteln.* Die Bedeutung, die der

Institution des Privateigentums in bezug auf die Wirtschaftsordnung zukommt, liegt auf der Hand: die mit dem Privateigentum (in der Regel) gegebene *Verfügungsgewalt* insbesondere über Produktionsmittel läuft sachlich darauf hinaus, die Entscheidungen über die Wirtschaftspläne weitgehend in die Hand der Individuen zu legen, d. h. Planung und Vollzug der Wirtschaftspläne zu *dezentralisieren;* zum anderen wirkt das Privateigentum und die Möglichkeit der Bildung von Privateigentum als *Leistungsanreiz.*

Ist die Institution selbst insoweit unproblematisch, so steht doch der Träger der Wirtschaftspolitik hinsichtlich der *Ausnahmen* und *Einschränkungen* vor teilweise diffizilen Problemen. Die Berücksichtigung des *Sozialinteresses* macht solche Ausnahmen und Einschränkungen dann erforderlich, wenn die Verfolgung des Individualinteresses auf der Basis des Privateigentums zu einer für nicht vertretbar gehaltenen Kollision mit dem Sozialinteresse führt. Verfahrensmäßig bieten sich dabei dem Wirtschaftspolitiker die beiden Möglichkeiten an, die Institution des Privateigentums für bestimmte Objekte und Titel durch Gesetz *auszuschließen;* die andere Möglichkeit liegt darin, Privateigentum zuzulassen, aber die *Verfügungsmöglichkeit* hinsichtlich seiner Verwendung in Produktion und Konsum ganz oder teilweise zu beschränken. Beispiele für das ersterwähnte Verfahren sind das Verbot des Privateigentums am Produktionsfaktor Arbeit (Sklavenhaltung), an strategischen Objekten der Landesverteidigung, an die Volksgesundheit gefährdenden Gütern (Rauschgifthandel) u.a.m. Beispiele für das letzterwähnte Verfahren sind *Verwendungsverbote* und *-gebote* für Produktionsmittel, Güter und Sachleistungen. Es versteht sich, daß beide Wege durch die Wirtschaftspolitik in weniger zwingenden Formen beschritten werden können: der Eigentumserwerb bzw. die Verfügungsmöglichkeit wird nicht ausgeschlossen, sondern erschwert oder benachteiligt.

Nicht unerwähnt bleiben darf schließlich in diesem Zusammenhang, daß die möglichst *freie* und *individuelle* Verwendung des Eigentums den eigentlichen Inhalt des Eigentumsbegriffes im Hinblick auf die Wirtschaftsordnung ausmacht. Die *Verwendungsmöglichkeit* und individuelle *Verfügungsgewalt* kann durch *staatliche Normen* im Extremfall so weit ausgehöhlt werden, daß die dezentralisierte Planung bis auf unbedeutende Reste beseitigt wird und eine Wirtschaftsordnung mit *zentraler Planung* durch den Staat bei (formalem) Privateigentum an den Produktionsmitteln entsteht. Als Beispiel mag hier das Lenkungssystem der *Kriegswirtschaft* angeführt werden.

Eine solche *Transformation* der Wirtschaftsordnung in Richtung auf eine Wirtschaftsordnung mit *zentraler Planung* bei Privateigentum kann übrigens nicht nur durch Aushöhlung der Verfügungsgewalt, sondern auch durch eine *extreme Konzentration* des Eigentums an den Produktionsmitteln eintreten. Die Konzentration kann nämlich zu weitgehender Ausschaltung von Märkten führen, die die Produktionsstufen miteinander verbinden. Werden die Produktionsstufen in industriellen Mammutgebilden (Trusts, Konzerne) zusammengefaßt, so treten an die Stelle des Tauschverkehrs und marktmäßiger Preisbildung zwischen den Produktionsstufen *Lieferungs-* und *Abnahmebeziehungen*. In weniger extremen Fällen wird dagegen die Funktionsfähigkeit des Markt- und Preismechanismus hinsichtlich seiner *Steuerungs-* und *Koordinationsfunktion* durch die in der *Eigentumskonzentration* begründete *Marktmacht* und ihren Einsatz beeinträchtigt. Mehr und mehr verlieren mit fortschreitender Konzentration des Eigentums die Preise ihre Funktion, als gesamtwirtschaftliche *Knappheitsindikatoren* für die Steuerung der Produktion auf die Endnachfrage hin und für die optimale Verwendung der Ressourcen zu sorgen. Aus diesen und weiteren Gründen sind wirtschaftspolitische Maßnahmen angezeigt, die die Eigentumskonzentration *generell* oder auf *bestimmten Gebieten* über ein bestimmtes Ausmaß hinaus grundsätzlich verbieten oder erschweren. Ergänzend können Maßnahmen eingesetzt werden, die die Erhaltung von Großeigentum durch

Generationen hindurch erschweren (Erbrecht, Erbschaftsbesteuerung, Auflösung der Fideikommisse usw.).

Neben dem Privateigentum ist zwecks Begründung einer marktwirtschaftlichen Ordnung der Marktverkehr unter Wettbewerbsbedingungen wichtigstes Requisit, wobei unter Marktverkehr der marktmäßig organisierte *Tausch*, d. h. die Hingabe von Gütern oder Leistungen gegen entsprechende Gegenleistung an Konkurrenzmärkten zu verstehen ist. Dabei wird impliziert, daß die Tauschpartner als *selbständige* Wirtschaftssubjekte auf der Angebots- bzw. Nachfrageseite der Märkte agiereen. In einer hochentwickelten, arbeitsteiligen Volkswirtschaft vollzieht sich dieser Tausch unter Einschaltung eines generellen Tauschmittels — des Geldes — und damit in der Form von *Kauf* und *Verkauf* an *Märkten*, und soweit es sich um Wettbewerbsmärkte handelt, bei *Konkurrenzpreisbildung*. Die Wirtschaftspolitik kann sich deshalb nicht damit begnügen, durch entsprechende wirtschaftspolitische Maßnahmen den Tausch *institutionell* zu garantieren, sie muß darüber hinaus auch das vielgliedrige *System von Märkten* organisatorisch zur Verfügung stellen oder doch dafür Sorge tragen, daß seine Einrichtung auf der Basis privater Initiative erleichtert und gefördert wird. Durch ein entsprechendes *Marktrecht* muß außerdem dafür Vorsorge getroffen werden, daß der Marktverkehr *schnell und reibungslos* abgewickelt werden kann. Wo es die Umstände erfordern, müssen spezielle Organe oder Personen bzw. Personengruppen mit der Wahrnehmung besonderer Funktionen im Marktverkehr beauftragt werden (Preis- und Notierungskommission an Börsen, Versteigerer, Makler u. a. m.). Und schließlich muß auch durch eine an der Stabilität der Währung orientierte Geldpolitik dafür Sorge tragen, daß der marktmäßig organisierte Tauschverkehr nicht im Zuge von Hyperinflationen zusammenbricht. Außerdem ist neben dem Tausch auch der Wettbewerb als *Institution* vorzusehen, und es ist durch geeignete wirtschaftspolitische Maßnahmen dafür Sorge zu tragen, daß sowohl an den Güter- und Leistungsmärkten als auch an den Faktormärkten der Wettbewerb ein möglichst *durchgängiges* Organisationsprinzip darstellt. Wenn der Wettbewerb seiner Doppelrolle als „Anreiz und Regulator" möglichst weitgehend gerecht werden soll, ist der *Ausschluß des Wettbewerbs* oder sein teilweiser Ausschluß durch den Träger der Wirtschaftspolitik auf solche Fälle zu begrenzen, in denen wichtige Aspekte des Gemeinwohls durch Zulassung des Wettbewerbsprinzips beeinträchtigt werden. Die Verfahren, die anstelle des Wettbewerbs in der Produktion und im Handel mit Gütern und Leistungen zur Anwendung gelangen, sind das *öffentliche Monopol*, das an *Private verliehene staatliche Monopol*, die staatliche Lizenzierung, die *Konzessionierung*, bestimmte Formen der *Kontingentierung* und Rationierung, bestimmte Methoden im Vergabewesen für öffentliche Aufträge usw. Als Beispiele seien erwähnt: die staatlichen Eisenbahnmonopole, Postmonopole, Rüstungsmonopole (Munitionsfabrikation, Produktion spaltbaren Materials); die Monopolverleihung bei den sogenannten Leistungsmonopolen für Gas, Wasser, Elektrizität: kommunale Verkehrsmonopole u.a.m. Sowohl ökonomische wie außerökonomische Aspekte des Gemeinwohls können die Veranlassung für den völligen oder teilweisen Ausschluß des Wettbewerbs abgeben.

Schließlich ist die *Wirtschaftsfreiheit* i. S. der Freiheit der wirtschaftlichen Betätigung zu garantieren. Obgleich in diesem Zusammenhang die *Gewerbe-* und *Vertragsfreiheit* (insbesondere auch der Tarifparteien) als wichtigste Aspekte gelten können, ist der Freiheitsbegriff damit keineswegs erschöpft: sowohl die Freiheit der Berufs- und Arbeitsplatzwahl als auch die Freiheit der Konsumwahl, der Kapitalanlage und -verwendung usw., kurz, die Freiheit möglichst aller ökonomischen Wahlhandlungen ist sinnvollerweise einzubeziehen.

Daß in diesem Zusammenhang der Freiheitsbegriff nicht ausschließlich i. S. *formaler* Freiheit verstanden werden darf, sondern der Intention nach i. S. materieller Freiheit, ergibt sich sachlogisch aus der ständigen Erfahrung, daß der ökonomische Freiheitsbereich häufig durch die Wirtschaftssubjekte nicht oder nur schwach genutzt werden kann, weil er durch wirtschaftliche Bindungen und wirtschaftliche Abhängigkeit bzw. Unterlegenheit eingeschränkt bzw. sonstigen gesellschaftlichen Restriktionen unterworfen ist. Der Freiheitsbegriff des ökonomischen Liberalismus klassischer Prägung kann deshalb dem mit diesen konstitutiven Elementen verfolgten ordnungspolitischen Anliegen nicht genügen.

Der ökonomische Freiheitsbereich der Wirtschaftssubjekte sollte möglichst groß sein, aber er kann nicht *unbeschränkt* sein, wie bereits unsere Gegenüberstellung von formaler und materieller Freiheit anklingen ließ. Ihre Grenzen für das Wirtschaftssubjekt bzw. Gruppen von Wirtschaftssubjekten liegen dort, wo durch die Nutzung des Freiheitsspielraumes der ökonomische Freiheitsbereich anderer bzw. anderer Gruppen beschränkt wird oder das Sozialinteresse, d. h. wichtige soziale Belange verletzt werden. Die konkrete Abgrenzung, auch in bezug auf die übrigen Fundamentalziele, ist Gegenstand der regulierenden Wirtschaftsordnungspolitik.

5.3 Regulierende Maßnahmen

Der durch den Träger der Wirtschaftspolitik geschaffene institutionell-organisatorische Rahmen muß durch eine *regulierende* Politik mit dem Ziel ergänzt werden, die Funktionsfähigkeit des Wirtschaftssystems hinsichtlich der im vorigen Abschnitt erwähnten Aufgaben zu verbessern. Zahlreiche und mannigfaltige Hemmnisse stellen sich in der Realität der möglichst vollkommenen Erfüllung der dem Wirtschaftssystem zugedachten Aufgaben in den Weg. Sinn dieser Maßnahmen ist deshalb die Beseitigung dieser *Hemmnisse* und sofern das nicht möglich ist, durch *kompensatorische* und *neutralisierende* Maßnahmen Abhilfe zu schaffen.

Den breitesten Raum nehmen dabei die Bemühungen ein, die den Markt- und Preismechanismus als *Koordinations-* und *Steuerungsinstrument* bzw. als *Kontrollinstru-*

ment in Verbindung mit dem Wettbewerb betreffen. Unter bestimmten Markt- und Wettbewerbsbedingungen *arbeiten* zwar der Markt- und Preismechanismus, aber die *Resultate* sind mehr oder weniger weit entfernt von den Optimalergebnissen (oder stehen gar zu ihnen in direktem Widerspruch), die unter Idealbedingungen (des Modells) erzielt werden könnten.

So ist es beispielsweise ohne weiteres einsichtig, daß das *interdependente* System der Märkte in Verbindung mit den Preisbildungsprozessen seine *Steuerungsfunktion* nur unzureichend erfüllen kann, wenn die *Marktübersicht* (Transparenz) auf seiten der Nachfrager und Anbieter mangelhaft ist. Umfassende, objektive und schnelle *Marktinformation* kann hier Abhilfe schaffen, wobei insbesondere auf den *Verbrauchermärkten* mit starker Produktdifferenzierung die unzureichende *Warenkenntnis* zu berücksichtigen ist, die einen fundierten Angebotsvergleich unmöglich macht. Angesichts der Warenvielfalt und der ständigen Vermehrung des Güterangebotes kann allerdings dieser Schwierigkeit durch *Aufklärung* nur in begrenztem Umfang abgeholfen werden. Wirksame Abhilfe ist deshalb nur zu schaffen, wenn der Angebotsvergleich durch speziell hierfür eingerichtete Institute bzw. Organisationen durchgeführt und die Vergleichsergebnisse den Verbrauchern kostenfrei oder gegen eine geringe Gebühr zur Verfügung gestellt werden. Ob dabei der Angebotsvergleich *(Warentest)* von privaten oder staatlichen Instituten durchgeführt wird, ist von untergeordneter Bedeutung; entscheidend ist die *Vollständigkeit* und *Objektivität* des Testes.

Die Tätigkeit dieser Institute wird um so bedeutungsvoller, je stärker die *Reklame* ihren *informativen* Charakter ablegt und ihre *Werbungsfunktion* hervorkehrt. Im Hinblick auf diese Unterscheidung ist es kein Zufall, daß die Reklame insbesondere auf jenen Märkten ein wichtiges „Wettbewerbsinstrument" für den Anbieter darstellt, die sich durch die geringe Fähigkeit zum Angebotsvergleich auf seiten der Nachfrage auszeichnen. Zwar lassen sich durch geeignete wirtschaftspolitische Maßnahmen bestimmte Auswüchse und Übersteigerungen der Reklame verhindern (Irreführung, Täuschung, Unlauterkeit usw.); aber aufs Ganze gesehen sind die wirtschaftspolitischen Einwirkungsmöglichkeiten auf diesem Felde doch sehr beschränkt. Auch durch die Einführung von *Gütezeichen*, *Handelsklassen, Normen, Typen* und ähnlichen Vorkehrungen können gewisse und begrenzte Erleichterungen geschaffen werden; nach den vorliegenden Erfahrungen muß jedoch bezweifelt werden, daß sie *substantielle* Verbesserungen des Angebotsvergleiches ermöglichen.

Neben der Marktübersicht ist die *Markteinsicht* eine wichtige Voraussetzung für optimale Steuerungsergebnisse des Markt- und Preismechanismus. Sie liefert das Verständis für das Funktionieren des Markt- und Preismechanismus und erleichtert insofern den Marktteilnehmern ein *marktkonformes* Verhalten. Fehlt dieses marktkonforme Verhalten, so zeitigt der Marktmechanismus hinsichtlich seiner Steuerungsfunktion des Wirtschaftsablaufes unbefriedigende Ergebnisse. Bekannte Beispiele für solch inkonformes Verhalten sind die *spekulativen* Märkte und bestimmte Agrarmärkte mit *anomalen* Reaktionen des Angebotes. In diesem Zusammenhang ist die Konzeption des *Marktgleichgewichts* von Bedeutung. Nur bei gleichgewichtigen Märkten oder Märkten mit Gleichgewichtstendenz kommt es zu der gesamtwirtschaftlich erwünschten Steuerung und Koordination. Eine Preiserhöhung an solchen gleichgewichtigen Märkten führt über Angebotsvermehrung und Nachfragebeschränkung zu einer neuen Gleichgewichtslage; entsprechend bewirkt eine Preissenkung über Angebotsbeschränkung und Nachfragezunahme ebenfalls eine neue Gleichgewichtslage. Im Falle der stark *spekulativen* Märkte führen nun Preissteigerungen nicht zu Nachfragebeschränkungen, sondern umgekehrt zu Nachfragesteigerungen (weil weitere Preissteigerungen erwartet und vorweggenommen werden); bei *anomalen* Angebotsreaktionen an bestimmten Agrarmärkten führen Preissenkungen zu Angebotsausweitungen (wegen des befürchteten Einkommensausfalles). In diesen und ähnlichen Fällen kann die Verbesserung der Markteinsicht zu einem marktkonformen Verhalten anregen; reicht sie alleine nicht zur Beseitigung der Gleichgewichtslosigkeit der Märkte aus, dann müssen ergänzende und verstärkende Maßnahmen ergriffen werden.

Fehlsteuerungen der Teilprozesse und des volkswirtschaftlichen Gesamtprozesses durch den Markt- und Preismechanismus resultieren aber nicht nur aus der *Gleichgewichtslosigkeit* von Märkten, sondern sind auch auf andere Ursachen zurückzuführen, denen in der wirtschaftlichen Wirklichkeit ein unvergleichlich höheres Gewicht zukommt. Unter diesen übrigen Ursachen spielen wiederum die *Wettbewerbsverzerrungen* und *Wettbewerbsbeschränkungen* die größte Rolle. Die Fehlsteuerung des gesamtwirtschaftlichen Geschehens ist in diesem Fall *primär* darauf zurückzuführen, daß es zu Verzerrungen der Preisstruktur (Verhältnis der Preise zueinander) kommt, so daß die Preise ihrer Funktion als *Knappheitsindikatoren* nicht mehr oder nicht voll gerecht werden können. Nur unter der Voraussetzung der vollkommenen (homogenen) Konkurrenz bildet nämlich der Preismechanismus Knappheitsrelationen für Güter-, Sach- und Faktorleistungen heraus, die die bestmögliche produktive Verwendung der Hilfsquellen einschließlich des Produktivkapitals garantieren; außerdem wird nur unter dieser Voraussetzung der *pretiale* Lenkungsmechanismus im höchstmöglichen Umfang auf die Befriedigung der Endnachfrage ausgerichtet und schließlich wird auch die Einkommensverteilung von *zusätzlicher* Ungleichmäßigkeit infolge von Wettbewerbsbeschränkungen frei sein.

Bei Vorliegen von Wettbewerbsverzerrungen werden die dem Markt- und Preismechanismus zufallenden Aufgaben nur unvollkommen gelöst. Die Hauptaufgabe der *regulierenden* Wirtschaftsordnungspolitik in einem marktwirtschaftlichen System ist deshalb die *Wettbewerbspolitik*. Diese Wettbewerbspolitik kann in zwei grundsätzlichen Varianten betrieben werden, der „aktiven“ und „defensiven" Wettbewerbspolitik. Im ersten Falle versucht der Staat, durch sein eigenes wirtschaftliches oder wirtschaftspolitisches Verhalten, Wettbewerb dort zu schaffen, wo er fehlt bzw. zusätzlichen Wettbewerb zu schaffen; im anderen Falle dagegen sollen Wettbewerbsbeschränkungen verhindert, reduziert oder beseitigt bzw. sollen ihre negativ beurteilten Auswirkungen vermieden werden. Demgemäß ist das Ziel der Wettbewerbspolitik entweder, die Wettbewerbssituation auf den Märkten denen der vollkommenen (homogenen) Konkurrenz möglichst weitgehend anzunähern (volle Verwirklichung ist aus verschiedenen Gründen nicht möglich) oder dort, wo dieses Verfahren aus einer Reihe von Gründen nicht möglich oder zweckmäßig erscheint, *korrigierende* und *ausgleichende* Maßnahmen einzusetzen, die die *Fehlsteuerung auf ein Minimum beschränken.* Beim ersterwähnten Verfahren wird vorzugsweise die *Marktstruktur* durch wirtschaftspolitische Eingriffe und damit die Wettbewerbssituation in Richtung auf die vollständige, vollkommene Konkurrenz verändert; bei den anderen Verfahren dagegen wird die Marktstruktur als *gegeben akzeptiert* und der sich auf dieser Basis vollziehende *Markt-, Preis- und Wettbewerbsmechanismus* beeinflußt, um möglichst Steuerungsergebnisse zu erzielen, die denen bei vollkommener, vollständiger Konkurrenz angenähert sind.

In *beiden* Fällen jedoch sind die Schwierigkeiten in der Marktstruktur (morphologische Marktform) bedingt; unter diesem Aspekt der Marktstruktur ist aber nicht nur von Wichtigkeit, ob eine der Marktformen der unvollständigen, (heterogenen) Konkurrenz vorliegt (insbesondere Monopol, Oligopol), sondern auch, ob der Markt *offen* oder *geschlossen* (d. h. gegen Auslandskonkurrenz und neuaufkommende Wettbewerber geschützt) ist. Je leichter der Zutritt für die *Auslandskonkurrenz* und die *potentiellen* Wettbewerber ist, um so schwächer die *Marktposition* der bereits am Markte befindlichen Anbieter und um so geringer die Möglichkeit einer *marktmachtbedingten* Ausbeutung (Preisüberhöhung u. a. m.) der Nachfrage. Die Politik der *Öffnung* und *Offenhaltung* der Märkte ist deshalb ein sehr wirksames Instrument der Wettbewerbspolitik, das dazu noch den Vorzug der *Marktkonformität* und den Vorteil der Einsatzfähigkeit in manchen hartnäckigen Fällen hat, in denen die übrigen Maßnahmen versagen bzw. weitgehend wirkungslos sind. Wenn in der Wirtschaftspolitik vieler Länder von dieser Möglichkeit relativ bescheidener Gebrauch gemacht wird, so ist dies häufig nicht nur auf *protektionistische* Akzente in der Außenhandelspolitik, sondern auch auf den Protektionismus in der Binnenwirtschaftspolitik zurückzuführen (Erhaltungsinterventionen!).

Es versteht sich von selbst, daß die in der Struktur der Märkte begründeten Abweichungen von der Marktform der vollkommenen Konkurrenz unbeachtlich sind, wenn die daraus resultierenden *Marktmachtpositionen* nicht oder nur schwach genutzt werden können. In diesem Falle weicht das *Marktverhalten* der Anbieter von der Wettbewerbssituation im morphologischen Sinne ab. Die hierin liegenden wirtschaftspolitischen Möglichkeiten werden wettbewerbspolitisch in manchen Volkswirtschaften — so auch in der BRD — dann genutzt, wenn aus gegebener Veranlassung die Marktstruktur als solche akzeptiert werden muß: und zwar im wesentlichen durch *Mißbrauchsaufsicht über marktbeherrschende Unternehmen* und durch das Marktverhalten *öffentlicher Unternehmen.* Öffentliche Monopole oder Oligopole bzw. öffentliche Unternehmen als Oligopolisten neben privaten Oligopolisten können jederzeit wirksam mit dem Ziel kontrolliert werden, auf Gewinnerzielung zu verzichten oder sich mit der Erzielung eines Normalgewinnes zu begnügen; ist der Marktanteil der öffentlichen Unternehmen beachtlich, dann werden in den nicht selten vorliegenden Marktformen der oligopolistischen Konkurrenz die Wettbewerber durch dieses Marktverhalten *prinzipiell* zu der gleichen Verhaltensweise gezwungen.

Weniger schlagkräftig ist die *Mißbrauchsaufsicht* wegen der auftretenden überwiegend technisch-organisatorischen Schwierigkeiten, sowie des ständigen Widerstandes der Interessengruppen; welcher Art diese Schwierigkeiten sind, mag der Hinweis andeuten, daß in einer auf dem *Gewinn- und Erwerbsprinzip* basierenden Wirtschaft die Wettbewerbsbeschränkung und die in ihr liegende Marktmachtposition sich als Instrumente darstellen, den Gewinn bzw. Erwerb zu steigern. Die technisch-organisatorischen Schwierigkeiten, die den mit der Mißbrauchsaufsicht beauftragten Instanzen eine effiziente Mißbrauchskontrolle stark erschweren, beruhen hauptsächlich darauf, daß bei der Beurteilung des Marktverhaltens der privaten Wettbewerber bzw. ihrer *Marktstrategien* nur selten eindeutig zwischen den Fällen des *Leistungswettbewerbs* auf der einen Seite und des (gezielten) *Verdrängungs-* oder *Behinderungswettbewerbs* auf der anderen Seite unterschieden werden kann.

Von den strukturell bedingten Wettbewerbsbeschränkungen ist in Anlehnung an das bundesdeutsche „Gesetz gegen Wettbewerbsbeschränkungen" (Kartellgesetz) als weitere Kategorie die *vertragliche* Wettbewerbsbeschränkung (Individual- und Gesellschaftsverträge) zu unterscheiden, durch die der Wettbewerb zwischen Wirtschaftssubjekten in allen Äußerungsformen (total) oder nur in bestimmten Konkretisierungen (partiell) beschränkt oder ausgeschlossen wird. Die bekanntesten Beispiele sind Kartelle bzw. Kartellsyndikate, Ausschließlichkeitsverträge, Koppelungsverträge, vertikale Preisbindung u. a. m. Wettbewerbspolitisch bieten sich für die Regulierung sowohl die *Verbots-* wie auch die *Mißbrauchsgesetzgebung* an. Im Kartellgesetz hat man vorzugsweise den Weg des Verbotes gewählt, wobei für bestimmte Wettbewerbsbeschränkungen dieser Kategorie *Ausnahmen* von dem Verbot in das Gesetz aufgenommen wurden. Die Gründe für diese Ausnahmen sind unterschiedlicher Natur; die generelle Leitidee war, Ausnahmen in den Fällen zuzulassen, in denen die wettbewerbsbeschränkenden Auswirkungen der Verträge relativ unbeachtlich sind oder durch anderweitige vorteilhaft beurteilte Effekte übertroffen werden.

Erwähnen wir schließlich noch die dritte Gruppe von Wettbewerbsbeschränkungen, nämlich die auf faktischem

Handeln und Verhalten beruhende (wie Diskriminierung, Preisführerschaft u. a.m.), so ist unsere Übersicht vollständig. Auch in diesem Falle bieten sich sowohl die Verbots- wie auch die Mißbrauchsgesetzgebung als die beiden wichtigsten Regulierungsverfahren an.

Wir haben bisher die Wettbewerbsbeschränkungen und ihre wettbewerbspolitische Behandlung ausschließlich unter dem Aspekt der *Koordination* und *Steuerung* der volkswirtschaftlichen Prozesse gesehen. Von ähnlicher, wenn auch geringerer Bedeutung ist die Wettbewerbspolitik als Teil der Wirtschaftsordnungspolitik für den Wettbewerb in seiner Aufgabenstellung als *Leistungsanreiz* und als *Leistungskontrolle*. Die spezielle Aufgabenstellung der Wirtschaftspolitik ist in diesem Zusammenhang die Verwirklichung und Erhaltung des *Leistungswettbewerbs*. Nach dieser Konzeption ist die Realisierung von Wettbewerbsvorteilen mit den daraus resultierenden Einkommensvorteilen nur dann und insofern mit dem Sozialinteresse zu vereinbaren, als sie auf einem *Leistungsvorsprung* vor den Wettbewerbern beruhen. Von diesen *leistungsbedingten* Wettbewerbsvorteilen sind die auf der *Marktmacht beruhenden Wettbewerbsvorteile* und sonstigen Wettbewerbsvorteile zu unterscheiden. Wettbewerbsbeschränkungen und *Wettbewerbsausschluß* sind einerseits *Äußerungsformen* der Marktmacht und andererseits Instrumente zu ihrer Begründung und Verstärkung. Alle wettbewerbsregulierenden Maßnahmen haben deshalb auch die Aufgabe, die *Marktmachtpositionen* zu *beseitigen* bzw. zu *verringern* oder den *Einsatz* der Marktmacht zu verhindern und damit die Rolle des Wettbewerbs als *Entmachtungsinstrument* zu verstärken. In dem Umfang, in dem der Wettbewerb von *Machtelementen* bereinigt werden kann, wird gleichzeitig der Konkurrenzkampf zwischen den Wettbewerbern auf das Medium des Leistungswettbewerbs beschränkt.

Mit Rücksicht auf den *Leistungsanreiz* hat die Beschränkung auf den Leistungswettbewerb bzw. seine Intensivierung auf jeden Fall die Wirkung, daß die Wettbewerber angehalten werden (über die Gewinnchancen bzw. Verlustrisiken), ihre *Leistungsreserven* bei *gegebenem* Leistungsniveau voll auszuschöpfen; außerdem löst die Begrenzung auf den Leistungswettbewerb starke Impulse auf eine kontinuierliche Anhebung des *Leistungsniveaus im Zeitablauf* aus (Rationalisierung, technischer Fortschritt, sonstige Produktivitätssteigerungen). Es gibt nicht wenige Stimmen in der Wissenschaft, die dieser *zeitlichen Variante* der Leistungssteigerung das *größere* Gewicht im Hinblick auf Wachstum und Wohlstandssteigerung zumessen; deshalb ist an dieser Stelle der Hinweis wichtig, daß die diesbezüglichen, im Leistungswettbewerb zweifellos wirksamen Impulse, nur zur Entfaltung in der Praxis kommen können, wenn auch die *objektiven Möglichkeiten* (Chancengleichheit) neben dem *subjektiven Willen* zu ständiger Leistungssteigerung gegeben sind. In diesem Zusammenhang ist zu bemerken, daß wichtige Formen der Produktivitätssteigerung den Einsatz langfristiger Finanzierungsmittel in teilweise erheblichem Umfang erfordern (Investitionen) und keine sehr hohe Risikobelastung vertragen. Da einerseits der Gewinn die wichtigste Quelle für solche Investitionen ist und andererseits die *Risikobegrenzung* eine entsprechende Wettbewerbsabschwächung voraussetzt, sind die objektiven Möglichkeiten für Klein- und Mittelbetriebe oder auf Märkten mit klein- oder mittelbetrieblicher Struktur nur in beschränktem Umfange gegeben. Mit Rücksicht auf die hieraus resultierende Unterlegenheit bestimmter Wirtschaftszweige und Branchen gegenüber anderen im Wettbewerb kommt deshalb auch der *Betriebsgrößen-* und *Unternehmensstruktur* erhebliches ordungspolitisches Gewicht zu, und eine entsprechend orientierte *Strukturpolitik* kann deshalb als wichtiges Teilgebiet der Wettbewerbspolitik gelten.

Aus den gerade angeführten Gründen kann es im Hinblick auf diese *Leistungssteigerung im Zeitablauf* wirtschaftspolitisch durchaus sinnvoll sein, *Größe* der Anbieter mit entsprechenden Marktpositionen und Marktmacht zu akzeptieren und keine *Konzentrationsverbote* zu erlassen. Aber auch andere Motive können für ein solches wirtschaftspolitisches Vorgehen maßgebend sein, womit die Problematik des *Marktmachtausgleiches* auftaucht: unter diesem Begriff versteht man die Herausbildung *gegengewichtiger* Marktmacht auf seiten der wettbewerbsmäßig benachteiligten Konkurrenten (horizontal) sowie der schwächeren *Marktgegenpartei* (vertikal) gegen „originäre" Marktmacht. Typisches Beispiel ist das *Abwehrkartell.* Obgleich vom Standpunkt des Sozialinteresses im allgemeinen erhebliche Bedenken *theoretischer* und *praktischer* Natur gegen eine solche Politik des Marktmachtausgleiches angemeldet werden müssen, ist doch auf der anderen Seite nicht zu übersehen, daß unter gewissen Bedingungen und in Ausnahmefällen dieses Verfahren der einzig gangbare Weg in der Praxis ist, durch *Größe* bedingte Wettbewerbsvorteile auszugleichen. Sofern die Marktmacht durch gegengewichtige Marktmacht *neutralisiert* wird, ist auch unter dem Aspekt der *Leistungskontrolle* durch Wettbewerb gegen dieses Verfahren wenig einzuwenden, wobei in erster Linie die *Angemessenheit von Leistung und Gegenleistung* unter dem Begriff der Leistungskontrolle zu verstehen ist. Selbstverständlich kommt auch den übrigen wettbewerbspolitischen Bemühungen der praktischen Wirtschaftspolitik bezüglich dieser Wettbewerbsfunktion grundsätzlich die gleiche oder ähnliche Bedeutung zu: der Wettbewerb soll verhindern, daß bei *Leistungsminderungen* oder *Leistungsverkürzungen* die Marktgegenpartei die gleiche Gegenleistung wie vorher oder gar eine höhere Gegenleistung zu erbringen hat, wie dies etwa das Monopol als das beste Demonstrationsbeispiel zeigt; infolge monopolistischer Verknappung des Angebotes wird der Preis angehoben und damit die Gegenleistung, die im Marktverkehr durch die Marktgegenseite zu erbringen ist. Genauso wie beim Monopol ist auch in den übrigen Situationen die Diskrepanz zwischen Leistung und Gegenleistung auf den Einsatz der (nicht-neutralisierten) Marktmacht zurückzuführen, so daß also auch in dieser Variante der Wettbewerbspolitik die Konkurrenz ihre Rolle als Instrument der Leistungskontrolle spielen kann. Allerdings ist, wie ja das Beispiel des Monopols zeigt, die

Wahrnehmung der Kontrolle nicht auf die Marktgegenseite bzw. die marktmachtunterlegenen Branchen und Wirtschaftszweige beschränkt. Daß vielmehr auch der Träger der Wirtschaftspolitik daneben oder alternativ die Kontrolle übernehmen kann, haben unsere Ausführungen ja bereits mit hinreichender Deutlichkeit erkennen lassen.

Mit diesem Hinweis soll der Abschnitt über die Wirtschaftsordnungspolitik abgeschlossen werden. Um Mißverständnissen zu begegnen, sei angefügt, daß wir aus Vereinfachungsgründen und Gründen der Raumersparnis uns in der Regel in unseren Darlegungen auf die *Angebotsseite* des Marktes beschränkt haben; wettbewerbstheoretisch und wettbewerbspolitisch wirft die Nachfrageseite prinzipiell die gleichen Probleme auf, so daß die gewonnenen Erkenntnisse und Ergebnisse in vollständiger oder weitgehender Analogie auch für diese Marktseite ihre Geltung besitzen.

Literaturverzeichnis

Zu Kapitel 1:

Graham, F. D., Social goals and economic institutions. Princeton 1942.

Werner, J., Wohlstand, Freiheit und Gerechtigkeit. Zürich, St. Gallen 1951.

Jöhr, W. A., Theoretische Grundlagen der Wirtschaftspolitik, II. Die Konjunkturschwankungen. Tübingen u. Zürich 1952.

Weisser, G., Soziale Sicherheit. In: HdSW, Bd. 9, Göttingen 1956, S. 396—412.

Welter, E., Ziele der Wirtschaftspolitik. In: Wirtschaftsfragen der freien Welt. Festgabe für Ludwig Erhard. Hrsg.: Beckerath, E. v., Meyer, F. W., Müller-Armack, A., Frankfurt/M 1957.

Boulding, K. E., Principles of Economic Policy, New York 1958.

Hoffmann, W. G., Allgemeine Wirtschaftspolitik. In: Handbuch der Wirtschaftswissenschaften. Bd. II, Volkswirtschaft. Köln u. Opladen 1959.

Giersch, H., Allgemeine Wirtschaftspolitik. Bd. I: Grundlagen. Wiesbaden 1960.

Würgler, H., Die obersten Zielsetzungen der Wirtschaftspolitik. In: Schweiz. Zeitschr. f. Volksw. u. Stat., Bd. 96 (1960).

Pütz, Th., Die gerechte Einkommensverteilung als Problem der theoretischen Wirtschaftspolitik. In: Naturordnung in Gesellschaft, Staat, Wirtschaft. Innsbruck, Wien, München 1961, S. 632—639.

Küng, E., Wirtschaftspolitische Gegenwartsfragen. Zürich, St. Gallen 1962.

Kirschen, E. S., Economic policy in our time. Bd. I: General theory, Amsterdam 1964.

Schiller, K., Wirtschaftspolitik. In: HdSW, Bd. 12, Göttingen 1965, S. 210—231.

Dahl, R. A. und Lindblom, Ch. E., Sieben Grundziele der Gesellschaftsgestaltung. In: Grundlagen der Wirtschaftspolitik. Hrsg.: G. Gäfgen, Neue wissenschaftliche Bibliothek — Wirtschaftswissenschaften — Köln und Berlin 1966, S. 211—236.

Gäfgen, G. (Hrsg.), Grundlagen der Wirtschaftspolitik. Neue wissenschaftliche Bibliothek — Wirtschaftswissenschaften — Köln und Berlin 1966.

Kirschen, E. S., u. a., Ziele der praktischen Wirtschaftspolitik. In: Grundlagen der Wirtschaftspolitik. Hrsg.: G. Gäfgen, Neue wissenschaftliche Bibliothek — Wirtschaftswissenschaften — Köln und Berlin 1966, S. 237—259.

Pütz, Th., Das „Gemeinwohl" als Begriff der theoretischen Wirtschaftspolitik. In: Zeitschr. f. Nat., Bd. 26, Heft 1-3 (1966), S. 260—267.

Weis, J., Wirtschaftspolitische Leitsätze. Dokumentation. Recklinghausen 1966.

Kantzenbach, E., Einzel-, Struktur- und Niveausteuerung der Wirtschaft in einer freiheitlichen Gesellschaftsordnung. Zur Systematik der Theorie der Wirtschaftspolitik. In: Hamburger Jahrbuch für Wirtschafts- und Gesellschaftspolitik, 11. Jg. 1966.

Preiser, E., Wirtschaftspolitik heute, Grundprobleme der Marktwirtschaft, München 1967.

Schiller, K., Marktwirtschaft mit Globalsteuerung. In: Reden zur Wirtschaftspolitik, Bd. 1, hrsg. von der Pressestelle des Bundesministeriums der Wirtschaft, Bonn 1967, S. 41—54.

Zu Kapitel 2:

Harms, B. (Hrsg.), Strukturwandlungen der Deutschen Volkswirtsschaft. Vorlesungen, gehalten in der Deutschen Vereinigung für Staatswiss. Fortbildung. 2 Bände, 2. Aufl., Berlin 1929.

Hoffmann, W. G., Stadien und Typen der Industrialisierung, Jena 1931.

Lundberg, E., Studies in the Theory of Economic Expansion, London 1937.

Thompson, W. S., Plenty of People, New York 1948.

Harrod, R., Dynamische Wirtschaft, Wien-Stuttgart 1949.

Abramovitz, M., Economics of Growth. In: A Survey of Contemporary Economics, Bd. 2, Homewood, Illinois 1952.

Hayek, F. A., Die Verwertung des Wissens in der Gesellschaft. In: Individualismus und wirtschaftliche Ordnung, Erlenbach-Zürich 1952.

Schumpeter, J., Theorie der wirtschaftlichen Entwicklung, 5. Aufl., Berlin 1952.

Leontief, W., Dynamic Analysis, Studies in the Structure of the American Economy, New York 1953.

Eldrige, H. T., Population Policies. A Survey of Recent Developments, Washington 1954.

Carell, E., Arbeit. In: HdSW, Bd. 1, Göttingen 1956, S. 229—234.

Guttmann, V., Industriepolitik: (I) Theorie, In: HdSW, Bd. 5, Göttingen 1956, S. 272—276.

Hoffmann, W. G., Industrialisierung: (I) und (II). In HdSW, Bd. 5, Göttingen 1956, S. 224—238.

—, Industriefinanzierung. In: HdSW, Bd. 5, Göttingen 1956, S. 257—265.

Lewis, W. A., Die Theorie des wirtschaftlichen Wachstums. Ubersetzt von Herbert v. Beckerath, Tübingen, Zürich 1956.

Meier, R. L., Science and Economic Development, New York 1956.

Meinhold, H., Investitionen. In: HdSW, Bd. 5, Göttingen 1956, S. 333—347.

Robinson, J., The Accumulation of Capital, London 1956.

Schuster, E., Sozialprodukt. In: HdSW, Bd. 9, Göttingen 1956, S. 572 bis 576.

Domar, E., Essays in the Theory of Economic Growth, New York 1957.

Littmann, K., Zunehmende Staatstätigkeit und wirtschaftliche Entwicklung, Köln 1957.

Edding, F., Internationale Tendenzen in der Entwicklung der Ausgaben für Schulen und Hochschulen, Kieler Studien Nr. 47, Kiel 1958.

Grünig, F., Versuch einer Volksvermögensrechnung der Deutschen Bundesrepublik, Sonderheft 41 des Deutschen Instituts für Wirtschaftsforschung, Berlin 1958.

Kindleberger, Ch. P., Economic Development, New York-Toronto-London 1958.

Bolte, K. M., Bevölkerung: II Politik, Bevölkerungsbewegung und Bevölkerungsgliederung. In: HdSW, Bd. 2, Göttingen 1959, S. 159 bis 170.

Carell, E., Boden. In: HdSW, Bd. 2, Göttingen 1959, S. 316—321.

Griesmaier, J., Bildungsstatistik. In: HdSW, Bd. 2, Göttingen 1959, S. 272—277.

Higgins, B., Economic Development: Principles, Problems and Policies, New York 1959.

Ott, A., Technischer Fortschritt. In: HdSW, Bd. 10, Göttingen 1959, S. 302—316.

Lutz, B., Technik. In: HdSW, Bd. 10, Göttingen 1959, S. 294—302.

Åkerman, J., Theory of Industrialism, Causal Analysis and Economic Plans, Lund 1960.

Rostow, W. W., Stadien wirtschaftlichen Wachstums. (Eine Alternative zur marxistischen Entwicklungstheorie, Göttingen 1960.

Statistisches Amt der Europäischen Gemeinschaften, Methoden zur Vorausschätzung der Wirtschaftsentwicklung auf lange Sicht. Bericht einer Sachverständigengruppe. In: Statistische Informationen, 8. Jg., Nr. 6, 1960.

Baumann, H., Meliorationen. In: HdSW, Bd. 7, Göttingen 1961, S. 288 bis 298.

Bolewski, H., Erwachsenenbildung. In: HdSW, Bd. 3, Göttingen 1961, S. 322—330.

Küng, E., Kapitalbildung und Wirtschaftswachstum. In: Schweiz. Zeitschrift f. Volksw. u. Stat., Bd. 97 (1961) S. 1965—1984.

OECD, Policy Conference on Economic Growth and Investment in Education, Washington 16th—20th October 1961, 5 Bände, Paris 1961.

Schultz, Th. W., Education and Economic Growth, Chicago 1961.

—, Investment in Human Capital. In: The American Economic Review, Vol. 51, 1961, S. 1—17.

Spengler, E.H. (Hrsg.), Natural Resources and Economic Growth, Washington 1961.

Denison, E. F., The Sources of Economic Growth in the United States and the Alternatives Before Us. Supplementary Paper No. 13, New York, Committee on Economic Development, 1962.

Gehring, G., Forschungsplan für die Erstellung eines disaggregierten Wachstumsmodells mit Hilfe von Input-Output- und Regressionsanalyse. Ifo-Studie, 1962, 8 (1/2), pp. 85—105.

Kirner, W., Struktur und Strukturveränderungen des Anlagevermögens. In: Wandlungen der Wirtschaftsstruktur in der Bundesrepublik Deutschland. Schr. d. V. f. Sp., NF Bd. 26, Berlin 1962 (herausgegeben von Heinz König).

Machlup, Fr., The Production and Distribution of Knowledge in the United States, Princeton, New Jersey 1962.

Solow, R. M., Technical Progress, Capital Formation and Economic Growth. In: The American Economic Review. Papers & Proceedings, Vol. 52, 1962.

Tinbergen, J. und Bos, H. C., Mathematical Models of Economic Growth, New York-San Francisco-Toronto-London 1962.

Voizey, G., The Economics of Education, London 1962.

v. Weizsäcker, C. Ch., Wachstum, Zins und Optimale Investitionsquote, Tübingen 1962.

Barnet, H. J. und Morse, Ch., Scarcity and Growth: The Economics of Natural Resource Availability, Baltimore 1963.

Edding, F., Ökonomie des Bildungswesens. Lehren und Lernen als Haushalt und als Investition, Freiburg 1963.

Giersch, H., Strategien der Wachstumspolitik. In: Zeitschr. f. d. ges. St., Bd. 119 (1963), S. 239 ff.

National Economic Develop. Council, „Conditions Favourable to Faster Growth", London 1963.

Arndt, Kl. D., Investitionsstruktur, Angebotspotential und Gesamtnachfrage. In: Schr. d. V. f. Sp., NF Bd. 30 II, Berlin 1964, S. 898—934.

v. Böventer, E., Raumwirtschaftstheorie. In: HdSW, Bd. 8, Göttingen 1964, S. 704—728.

Bolte, K. M., Bevölkerung und Arbeitspotential. In: Schr. d. V. f. Sp., NF Bd. 30 I, Berlin 1964, S. 46—66.

Carell, E., Produktionsfaktoren. In: HdSW, Bd. 8, Göttingen 1964, S. 571—574.

Dürr, E., Wachstumstheorie und Wachstumspolitik. In: Jahrbücher für Nationalökonomie und Statistik, Band 176 (1964), S. 385—406 und 523—545.

Egner, E., Raumwirtschaftspolitik. In: HdSW, Bd. 8, Göttingen 1964, S. 694—704.

Ehrlicher, W., Probleme langfristiger Strukturwandlungen des Kapitalstockes. In: Schr. d. V. f. Sp., NF Bd. 30 II, Berlin 1964, S. 871—897.

Giersch, H., Aufgaben der Strukturpolitik. In: Hamburger Jahrbuch für Wirtschafts- und Gesellschaftspolitik, 9. Jahr, 1964, S. 61 ff.

Kade, G., Wachstumsmodelle, Input-Output-Analyse und Entwicklungsprogrammierung. In: Konjunkturpolitik, Zeitschrift für angewandte Konjunkturforschung, 10. Jg. (1964).

Landsberg, H. H., Natural Resources for U.S. Growth. (A Look Ahead to the Year 2000), Baltimore 1964.

Liefmann-Keil, E., Erwerbstätigkeit, Ausbildung und Wirtschaftliches Wachstum. In: Schr. d. V. f. Sp., NF Bd. 30 I, Berlin 1964.

Machlup, Fr., Erfindung und technische Forschung. In: HdSW, Bd. 3, Göttingen 1961, S. 280—291.

Nelson, R. R., Aggregate Production Function. In: The American Economic Review, Sept. 1964, 54, S. 575—606.

Niehans, J., Strukturwandlungen als Wachstumsprobleme. In: Strukturwandlungen einer wachsenden Wirtschaft (Hrsg. F. Neumark), Schr. d. V. f. Sp. Bd. 30/I, Berlin 1964, S. 18 ff.

Pentzlin, K., Rationalisierung. In: HdSW, Bd. 8, Göttingen 1964, S. 676—683.

Redl, F., Versuch einer ökonomischen Theorie des Kapitalkoeffizienten und seiner Veränderung. In: Jahrb. f. Nationalökonomie und Statistik, Band 176 (1964), S. 428—451.

Riese, H., Gleichgewichtswachstum und optimales Wachstum in der neoklassischen Wachstumstheorie. In: Kyklos, 1964, 1, S. 40—64.

Rose, Kl., Produktivität. In: HdSW, Bd. 8, Göttingen 1964, S. 613—620.

Schilcher, R., Wirtschaftswachstum (Beiträge zur ökonomischen Theorie und Politik). Festschrift für A. Paulsen, Berlin 1964.

Schneider, E., Produktionstheorie. In: HdSW, Bd. 8, Göttingen 1964, S. 596—610.

Neumark, Fr. (Hrsg.), Strukturwandlungen einer wachsenden Wirtschaft. I. Band. (Verhandlungen auf der Tagung in Luzern 17. bis 20. Sept. 1962), Schr. d. V. f. Sp., NF Bd. 30/I, Berlin 1964.

Tobin, J., Economic growth as an objective of government policy. In: American Economic Review, Papers and Proceedings, Bd. 54, 1964.

United Nations, Economic Commission for Europe (ECE), Economic Survey of Europe in 1961, Part 2, Some Factors in Economic Growth in Europe During the 1950's, Geneva 1964.

Bombach, G., Wirtschaftswachstum. In: HdSW, Bd. 12, Göttingen 1965, S. 763—801.

Bulla, G. A., Frauenarbeit. In: HdSW, Bd. 4, Göttingen 1965, S. 121 bis 133.

Bundesministerium für wissenschaftliche Forschung, I. Bericht: Forschung I (1965).

Edding, F., Bildung und Politik, Pfullingen 1965.

Freeman, C. und Young, A., The Research and Development Effort in Western Europe, North America and the Soviet Union. An Experimental International Comparison of Research Expenditures and Manpower 1962, OECD, Paris 1965.

Grochla, E., Automatisierung. In: HdSW, Bd. 12, Göttingen 1965, S. 530—544.

Hoffmann, W. G., unter Mitarbeit von Fr. Grumbach und H. Hesse, Das Wachstum der Deutschen Wirtschaft seit der Mitte des 19. Jahrhunderts. Enzyklopädie der Rechts- und Staatswissenschaft, Berlin 1965.

Krelle, W., Beeinflußbarkeit und Grenzen des Wirtschaftswachstums. In: Jahrb. f. Nat. u. Statistik. Bd. 178 (1965) Heft 1—3, S. 3—27.

Sachverständigenrat zur Begutachtung der gesamtwirtschaftlichen Entwicklung, 1965 ff.

Strahlau, J., Gesundheitspolitik. In: HdSW, Bd. 4, Göttingen 1965, S. 454—460.

Subramaniam, Sh., Die Wirtschaftsentwicklung Indiens 1951—1961. Kieler Studien, Forschungsberichte des Instituts für Weltwirtschaft an der Universität Kiel, Tübingen 1965.

Vosgerau, H.-J., Uber optimales wirtschaftliches Wachstum, Tübingen 1965.

Wessels, Th., Gewerbepolitik. In: HdSW, Bd. 4, Göttingen 1965, S. 507—523.

Jochimsen, R., Theorie der Infrastruktur. Grundlagen der marktwirtschaftlichen Entwicklung, Tübingen 1966.

Krengel, R., Technik und wirtschaftliches Wachstum. In: Technik für morgen. Beiheft zu Nr. 27 des Volkswirt (1966), S. 12—14.

Neumann, M., Uber einige neuere wachstumspolitische Vorstellungen. In: Jb. f. Nat. u. Stat. 179 (1966), S. 25 ff.

Severitt, H., Wissenschaftsausgaben der Wirtschaft. Hrsg. vom Stifterverband für die Deutsche Wissenschaft 1966.

Neumann, M., Strukturwandel und harmonisches Wachstum. In: Theoretische und institutionelle Grundlagen der Wirtschaftspolitik, Theodor Wessels zum 65. Geburtstag (hrsg. v. H. Albert u. a.), Berlin 1967, S. 253—269.

Walter, H., Investitionen und technischer Fortschritt in der neueren Wachstumstheorie und die Problematik wirtschaftspolitischer Rezepte. In: Theoretische und institutionelle Grundlagen der Wirtschaftspolitik, Theodor Wessels zum 65. Geburtstag (hrsg. v. H. Albert u. a.), Berlin 1967, S. 222—252.

Zu Kapitel 3:

Kitchin, A. W. M., Cycles and Trends in Economic Factors. In: Review of Economic and Stats. Cambridge (Mass.), 5 (1923).

Kondratieff, N., The Mayor Economic Cycles. Problems of Economic Conditions. Ec. Bull. of the Conjuncture Inst. (Beil). Moskau, 1 (1925).

—, Die langen Wellen der Konjunktur. In: Arch. f. Sozwiss u. Sozpol, Tübingen, 56 (1926).

Mitchell, C., Business Cycles. The Problem and Its Setting, 15. Aufl., New York 1956 (1. Aufl. 1927).

Schumpeter, J. A., Business Cycles. A Theoretical, Historical and Statistical Analysis of the Capitalist Process, New York, London 1939. 2 Bände. Deutsche Ubersetzung: Konjunkturzyklen, Göttingen 1961.

Pigou, A. C., Employment and Equilibrium, London 1941.

Harris, E., The New Economics, New York 1947.

Haberler, G., Prosperität und Depression. Eine theoretische Untersuchung der Konjunkturbewegung, Bern 1948, 2. Aufl., Tübingen-Zürich 1955 (Prosperity and Depression, Genf 1937).

Metzler, L.-A., Three lags in the Circular Flow of Income. In: Income, Employment, and Public Policy, New York 1948.

Ohlin, B., The Problem of Employment Stabilisation, New York 1949.

Abramovitz, M., Inventories and Business Cycles with Special Reference to Manufacturer's Inventories, New York 1950.

Hicks, J. R., A Contribution to the Theory of the Trade Cycle, Oxford 1950.

Machlup, Fr., Period Analysis and Multiplier Theory. In: Readings in Business Cycles, London 1950.

Samuelson, P., Interactions of the Multiplier and the Accelerator In: Readings in Business Cycles, London 1950.

Tinbergen, J., The Dynamics of Business Cycles, Chicago 1950.

Baumol, W., Economic Dynamics, New York 1951.

Hamberg, D., Business Cycles, New York 1951.

Hansen, A. H., The Pigouian Effect. In: Journal of Political Economics, Bd. 59 (1951).

Hansen, A. H. und Clemence, R. V., Readings in Business Cycles and National Income, New York 1953.

Kuznets, S., Economic Change. Selected Essays in Business Cycles, National Income and Economic Growth, New York 1953.

Lundberg, E., Business Cycles and Economic Policy, London 1957 (Schwedische Originalausgabe 1953).

Giersch, H., Beiträge zur Multiplikatortheorie. In: Schr. d. V. f. Sp., NF Bd. 7 (1954).

Kalecki, M., Theory of Economic Dynamics, London 1954.

Kraus, W., Multiplikator, Akzelerator, Wachstumsraten und Konjunkturzyklus. In: Weltw. Arch., Bd. 73 (1954 II), S. 59—110.

Mieth, W., Das Akzelerationsprinzip, Berlin 1954.

Spiethoff, A., Die wirtschaftlichen Wechsellagen. Bd. I: Erklärende Beschreibung, Bd. II: Lange statistische Reihen, Tübingen-Zürich 1955.

Creamer, D. und Bernstein, M., Personal Income during Business Cycles, Princeton 1956.

Estey, J. A., Business Cycles. Their Nature, Causes and Control, Englewood 1956.

Hamberg, D., Economic Growth and Instability, London 1956.

Mack, R. P., Consumption and Business Fluctuations. A Case Study of the Shoe, Leather, Hide Sequence, New York 1956.

Pütz, Th., Angebotslenkung. In: HdSW, Bd. 1, Göttingen 1956, S. 188 bis 196.

Schimmler, H., Der Lagerzyklus. Lagerbewegung und Konjunkturverlauf in empirischer Sicht, Berlin 1958.

Clausing, G., Konjunkturen (faktische Beispiele). In: HdSW, Bd. 6, Göttingen 1959, S. 133—142.

Jöhr, W. A., Konjunktur: (I) Theorie und (II) Politik. In: HdSW, Bd. 6, Göttingen 1959, S. 97—114.

Koch: W., Steuerpolitik. In: HdSW, Bd. 10, Göttingen 1959, S. 124 bis 136.

Kolms, H., Konsum. In: HdSW, Bd. 6, Göttingen 1959, S. 142—149.

Krelle, W., Grundlinien einer stochastischen Konjunkturtheorie. In: Zeitschr. f. d. ges. St., 115. Bd. (1959), S. 472 ff.

Seiler, G., Ökonometrische Konjunkturmodelle, Stuttgart 1959.

Senf, P., Haushaltsplan. In: HdSW, Bd. 2 Göttingen 1959, S. 427—437

Kaldor, N., Essays on Economic Stability and Growth, London 1960.

Pütz, Th., Nachfragelenkung. In: HdSW, Bd. 7, Göttingen 1961, S. 504 bis 508.

—, Geschichtliche Wandlungen der Konjunkturschwankungen und Konjunkturpolitik. In: Wirtschaft, Gesellschaft und Kultur, Festgabe für Müller-Armack, Berlin 1961, S. 167—187.

Schilcher, R., Multiplikator und Akzelerator. In: HdSW, Bd. 7, Göttingen 1961, S. 469—478.

Wessels, Th., Vollbeschäftigung. In: HdSW, Bd. 11, Göttingen 1961, S. 416—424.

Krelle, W., Möglichkeiten und Grenzen der Konjunkturdiagnose. In: Schr. d. V. f. Sp., NF Bd. 25, Berlin 1962.

Zeitel, G. u. Pahlke, J. (Hrsg.), Konjunkturelle Stabilität als wirtschaftspolitische Aufgabe, Tübingen 1962.

Jöhr, W. A., Gegenwartsfragen der Konjunkturtheorie. In: Jb. f. Nat. u. St., Bd. 178, H. 1—3 (1965), S. 50—69.

Arndt, Kl. D., Ein Gesetz zur Förderung der wirtschaftlichen Stabilität. In: Konjunkturpolitik, Zeitschrift für angewandte Konjunkturforschung, 1966, S. 157—171.

Dürr, E., Wirkungsanalyse der monetären Konjunkturpolitik, Frankfurt a. Main 1966.

Feil, W., Die konjunkturellen Wirkungen des Bundeshaushalts. Beiträge des Deutschen Industrieinstituts, 4. Jg. 1966,, Heft 5.

Lutz, F. A., Lohn, Inflation und Zahlungsbilanz, Tübingen 1967.

Vosgerau, H.-J., Wachstum und Stabilisieriung. In: Fragen der wirtschaftlichen Stabilisierung, hrsg. v. A. Ott, Tübingen 1967, S. 1—22.

Zu Kapitel 4:

Neumark, F., Möglichkeiten einer finanzpolitischen Beeinflussung von Kapitalbildung und Kapitalverwendung. In: Kapitalbildung und Kapitalverwendung. Schr. d. V. f. Sp., NF Bd. 5, Berlin 1953, S. 53 ff.

Peacock, A. T., Income Redistribution and Social Policy, London 1954.

Albrecht, G., Sozialpolitik, Göttingen 1955.

Eisner, G., Kaufkraftübertragung durch öffentliche Finanzen. Ein Beitrag zur Theorie und Statistik der fiskalischen Einkommensredistribution, Winterthur 1955 (Zürich. Diss.).

Heyde, L., Sozialpolitik: (II) Allgemeines, In: HdSW, Bd. 9 Göttingen 1956, S. 539—547.

Peter, H., Über gerechte Verteilung des Einkommens und Eigentums. In: Zeitschr. f. d. ges. St., Bd. 112 (1956), S. 218—230.

Savelsberg, G., Sozialpolitik: (V) Internationale Sozialpolitik. In: HdSW, Bd.9, Göttingen 1956, S. 564—572.

—, Sozialversicherung: (II) Entwicklung und heutiger Stand. In: HdSW, Bd. 9, Göttingen 1956, S. 604—617.

Seidel, Br., Sozialpolitik: (I) Geschichte. In: HdSW, Bd. 9, Göttingen 1956, S. 532—539.

Weddigen, W., Sozialpolitik: (IV) Träger und Methoden. In: HdSW, Bd. 9, Göttingen 1956, S. 554—564.

—, Sozialversicherung: (I) Theorie. In: HdSW, Bd. 9, Göttingen 1956, S. 594—604.

v. Wiese, L., Sozialpolitik: (VI) Sozialpolitik als Wissenschaft. In: HdSW, Bd. 9, Göttingen 1956, S. 547—554.

Boettcher, E. (Hrsg.), Sozialpolitik und Sozialreform, Tübingen 1957.

Jecht, H., Staatliche Wirtschaftspolitik und Einkommensverteilung. In: Einkommensbildung und Einkommensverteilung. Schr. d. V. f. Sp. NF Bd.13, Berlin 1957, S. 126—165.

M o l i t o r , B., Bausteine einer Theorie der Sozialpolitik. In: Hamburger Jahrb. f. Wirtschafts- und Gesellschaftspolitik, Tübingen 1957.

P r e i s e r , E., Besitz und Macht in der Distributionstheorie. In: Bildung und Verteilung des Volkseinkommens, Göttingen 1957 S. 173 ff.

W e d d i g e n , W., Grundzüge der Sozialpolitik und Wohlfahrtspflege Stuttgart 1957.

A c h i n g e r , H., Sozialpolitik als Gesellschaftspolitik, Hamburg 1958.

B o m b a c h , G., Die verschiedenen Ansätze der Verteilungstheorie. In: Schr. d. V. f. Sp., NF Bd. 17, Berlin 1959.

H e y d e , L., Abriß der Sozialpolitik, 11. Aufl., Heidelberg 1959.

P r e i s e r , E., Distribution: (I) Theorie. In: HdSW, Bd. 2, Göttingen 1959, S. 620—635.

W e i s s e r , G., Distribution: (II) Politik. In: HdSW, Bd. 2, Göttingen 1959, S. 635—654.

Z e i t e l , G., Die Steuerlastverteilung in der Bundesrepublik Deutschland, Tübingen 1959.

H ä u s e r , K., Die steuerliche Beeinflussung der Einkommens- und Vermögenskonzentration in der Bundesrepublik. In: Die Konzentration in der Wirtschaft. Bd. 2, Schr. d. V. f. Sp., NF Bd. 20, Berlin 1960, S. 1097 ff.

H e y d e , P., Internationale Sozialpolitik, Heidelberg 1960.

J e c h t , H., Wirtschaftspolitische Probleme der gegenwärtigen Finanzpolitik. In: Z. f. Nat.Ö., Bd. 20 (1960) S. 73 ff.

J o s t o c k , P. und A l b e r t , A., Konzentration der Einkommen und Vermögen. In: Die Konzentration in der Wirtschaft, Bd. 1, Schr. d. V f. Sp., NF Bd. 20, Berlin 1960, S. 179 ff.

S c h m ö l d e r s , G., Eigentum und Eigentumspolitik. In: Eigentum und Eigentümer in unserer Gesellschaftsordnung. Veröffentlichungen der Walter-Raymond-Stiftung, Bd. 1, Köln und Opladen 1960.

W e i s s e r , G., Vermögen und Vermögenspolitik. In: HdSW, Bd. 11, Göttingen 1960, S. 163—187.

A r n d t , E., Lohn: (II) Politik. In: HdSW, Bd. 7, Göttingen 1961, S. 16 bis 26.

A r n d t , H., Zur mikroökonomischen Analyse der Uberwälzbarkeit der Einkommensteuer und zur Frage der Ubertragung von Modellergebnissen auf historische Tatbestände. In: Finanzarchiv NF Bd. 21, Heft 1 (1961), S. 47—59.

K r e l l e , W., Lohn: (I) Theorie. In: HdSW, Bd. 7, Göttingen 1961, S. 1—16.

L i e f m a n n - K e i l , E., Ökonomische Theorie der Sozialpolitik, Berlin-Göttingen-Heidelberg 1961.

L ü t g e , F., Fideikommiß. In: HdSW, Bd. 3, Göttingen 1961, S. 522—523

M o l i t o r , B., Eigentum: (I) Soziologie des Eigentums. In: HdSW, Bd. 3, Göttingen 1961, S. 33—39.

P r e i s e r , E., Wachstum und Einkommensverteilung, Heidelberg 1961

P r e l l e r , L., Sozialpolitik, Theoretische Ortung, Tübingen 1962.

E u l e r , M., Die Schichtung der Einkommen privater Haushalt in der Bundesrepublik. In: Wirtschaft und Statistik, H. 4 (1963), S. 189.

Oberhauser, A., Finanzpolitik und private Vermögensbildung Bd. 2 der Wirtschafts- und Finanzwissenschaftlichen Forschung, herausgeg. v. H. Jecht, Köln und Opladen 1963.

Rothschild, K., Lohntheorie, Berlin-Frankfurt 1963.

Föhl, C. unter Mitarbeit von Wegner, M. und Kowalski, L., Kreislaufanalytische Untersuchung der Vermögensbildung in der Bundesrepublik und der Beeinflußbarkeit ihrer Verteilung. Schriften des Instituts für angewandte Wirtschaftsforschung Tübingen, Bd. 2, Tübingen 1964.

Molitor, B., Vermögensverteilung als wirtschaftspolitisches Problem. Tübingen 1965.

Scheele, E., Einkommensverteilung und Wirtschaftswachstum, Tübingen 1965.

Schmidt, Kl. D., Schwarz, U. u. Thiebach, G., Die Umverteilung des Volkseinkommens in der Bundesrepublik Deutschland 1955—1960, Tübingen 1965.

Arndt, E., Lohnpolitik und Stabilisierung. In: Ott, A. E. (Hrsg.), Fragen der wirtschaftlichen Stabilisierung, Tübingen 1967, S. 27 ff.

Küng, E., Geldwertneutrale Lohnpolitik. In: Schmollers Jahrbuch, 87. Jg., 1967, S. 6 ff.

Zu Kapitel 5:

v. Mises, L., Die Gemeinschaft. Untersuchungen über den Sozialismus Jena 1922.

Lerner, A., The Economics of Control. Principles of Welfare Economics (1944), 2. Aufl., New York 1946.

Miksch, L., Wettbewerb als Aufgabe, Grundsätze einer Wettbewerbsordnung, 2. Aufl., Bad Godesberg 1947.

Hayek, F. A., Der Weg zur Knechtschaft, 3. Aufl., Erlenbach-Zürich 1952.

Hensel, P., Einführung in die Theorie der Zentralverwaltungswirtschaft. Eine vergleichende Untersuchung idealtypischer wirtschaftlicher Lenkungssysteme an Hand des Problems der Wirtschaftsrechnung, Stuttgart 1954.

Preiser, E., Die Zukunft unserer Wirtschaftsordnung, 2. Aufl., Göttingen 1955.

Heimann, E., Kapitalismus. In: HdSW, Bd. 5, Göttingen 1956, S. 510 bis 515.

Müller-Armack, A., Soziale Marktwirtschaft. In: HdSW, Bd. 9, Göttingen 1956, S. 390—392.

Borchardt, K. und Fikentscher, W., Wettbewerb, Wettbewerbsbeschränkung, Marktbeherrschung, Abhandlung aus dem gesamten Handelsrecht, Bürgerlichen Recht und Konkursrecht, 24. Heft, Stutgart 1957.

Werner, J., Die Wirtschaftsverbände in der Marktwirtschaft, Zürich und St. Gallen 1957.

Arndt, H., Unvollständiger Wettbewerb. In: HdSW, Bd. 10, Göttingen 1959, S. 588—600.

Eucken, W., Die Grundlagen der Nationalökonomie, 7. Aufl., Berlin-Göttingen-Heidelberg 1959.

Meinhold, W., Subventionen. In: HdSW, Bd. 10, Göttingen 1959, S. 236—247.

Reinhardt, R., Unternehmungszusammenschlüsse: (I) Organisationsformen. In: HdSW, Bd. 10, Göttingen 1959, S. 549—552.

Voigt, F., Unternehmungszusammenschlüsse: (III) Staatliche Politik. In: HdSW, Bd. 10, Göttingen 1959, S. 565—583.

Wessels, Th., Unternehmungszusammenschlüsse: (II) Wirtschaftliche Problematik. In: HdSW, Bd. 10, Göttingen 1959, S. 552—565.

Halm, N., Wirtschaftssysteme. Eine vergleichende Darstellung, Berlin 1960.

Abel, W. und Schlotter, H.-H., Mittelstandspolitik. In: HdSW, Bd. 7, Göttingen 1961, S. 395—403.

Gehlen, A., Macht: (I) Soziologie der Macht. In: HdSW, Bd. 7, Göttingen 1961, S. 77—81.

v. d. Groeben, H., Wettbewerbspolitik in der Europäischen Wirtschaftsgemeinschaft. In: Wirtschaft und Wettbewerb. Jg. 11 (1961), S. 373 ff.

Machlup, Fr., Monopol. In: HdSW, Bd. 7, Göttingen 1961, S. 427—452.

Rittig, G., Macht: (II) Macht in der Wirtschaft. In: HdSW, Bd. 7, Göttingen 1961, S. 81—89.

Lenel, H. O., Ursachen der Konzentration, Tübingen 1962.

Tuchtfeldt, E., Bemerkung zur Verbandsdiskussion. In: Jb. f. Sozialwiss., 13 (1962), S. 79—93.

Andreae, W. und Andreae, C. A., Beiträge zur Wettbewerbspolitik, FIW-Schriftenreihe H. 9, Köln 1963, S. 115 ff.

Arndt, H., Die Aufgaben eines Bundeskonzentrationsamtes. In: Neue Gesellschaft 10, 3 (1963), S. 221—228.

—, Marktmechanismus und heterogene Konkurrenz. In: Gestaltungsprobleme der Weltwirtschaft. Andreas Predöhl zum 70. Geburtstag. Jb. f. Sozialwiss. 14, 1 (1963), S. 179—193.

Mestmäker, E. J., Probleme des Bestmöglichen in der Wettbewerbspolitik. In: Probleme normativer Ökonomik und der wirtschaftspolitischen Betrachtung (hrsg. v. Beckerath, Giersch) Schr. d. V. f. Sp., Bd. 29, Berlin 1963, S. 305 ff.

Hensel, P., Planwirtschaft. In: HdSW, Bd. 8, Göttingen 1964, S. 325 bis 338.

Machlup, Fr., Oligopol. In: HdSW, Bd. 8, Göttingen 1964, S. 82—94.

—, Patentwesen: (I) Geschichtlicher Überblick und (II) Wirtschaftstheoretische Betrachtung. In: HdSW, Bd. 8, Göttingen 1964, S. 231—240.

—, Polypol. In: HdSW, Bd. 8, Göttingen 1964, S. 407—421.

Marbach, Fr., Die Wirtschaftskonzentration, Düsseldorf-Wien 1964.

Tetzner, H. W. O., Patent und Gebrauchsmusterrecht. In: HdSW, Bd. 8, Göttingen 1964, S. 223—231.

Machlup, Fr., Wettbewerb: (III) Wirtschaftstheoretische Betrachtung. In: HdSW, Bd. 12, Göttingen 1965, S. 36—49.

Ritschl, H., Gemeinwirtschaft. In: HdSW, Bd. 4, Göttingen 1965, S. 331—346.

—, Wirtschaftsordnung., In: HdSW, Bd. 12, Göttingen 1965, S. 189—203.

Rittig, G., Wirtschaftsrechnung. In: HdSW, Bd. 12, Göttingen 1965, S. 238—247.

Röper, B., Wirtschaftsinformation. In: HdSW, Bd. 12, Göttingen 1965, S. 185—189.

Röpke, W., Wettbewerb: (II) Ideengeschichte und ordnungspolitische Stellung. In: HdSW, Bd. 12, Göttingen 1965, S. 29—36.

Tuchtfeldt, E., Gewerbefreiheit. In: HdSW, Bd. 4, Göttingen 1965, S. 502—507.

Weisser, G., Wirtschaftstypen. In: HdSW, Bd 12, Göttingen 1965, S. 269—280.

v. Wiese, L., Wettbewerb: (I) Soziologische Einordnung. In: HdSW, Bd. 12, Göttingen 1965, S. 25—29.

Hoppmann, E., Preismeldestellen und Wettbewerb. In: Wirtschaft und Wettbewerb, Jg. 16 (1966).

Jöhr, W. A., Zur Diskussion über die Rolle der Konkurrenz in der modernen Wirtschaft. In: Zeitschr. f. Nationlökonomie, XXVI (1966), S. 89 ff.

Kantzenbach, E., Die Funktionsfähigkeit des Wettbewerbs, Göttingen 1966.

Schmidt, J., Neuere Entwicklungen in der Wettbewerbstheorie unter Berücksichtigung wachstumspolitischer Zielsetzungen. In: Wirtschaft und Wettbewerb 16 (1966), S. 669 ff.

Tuchtfeldt, E., Organisierte Markttransparenz und Wettbewerb. In: Schw. Zeitschr. f. Volksw. und Stat., Heft 1 (1966), S .42—62.

Hoppmann, E., Workable Competition als Wettbewerbspolitisches Konzept. In: Theoretische und institutionelle Grundlagen der Wirtschaftspolitik, Theodor Wessels zum 65. Geburtstag (hrsg. von H. Albert u. a.), Berlin 1967, S. 146—197.

Tuchtfeldt, E., Wettbewerb und langfristige Wirtschaftspolitik. In: Zeitschrift für Nationalökonomie, 27. Bd. (1967), S. 12 ff.

Namenverzeichnis

Hervorhebung der Zitationen im Textteil durch *Kursiv*druck der Seitenzahlen.

Sachverzeichnis

FSC
www.fsc.org
MIX
Papier | Fördert gute Waldnutzung
FSC® C083411

Kolibri 360 GmbH
Ferdinand-Jühlke-Straße 7
99095 Erfurt, Deutschland
produktsicherheit@kolibri360.de